彩图1 田间工程效果图

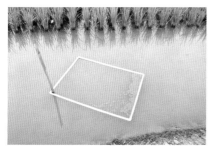

a) 鱼食台

b) 鳖食台

彩图2 食台

彩图3 工厂化育秧

彩图4 稻穗颈瘟病

彩图 5　水稻立枯病

彩图 6　稻曲病

彩图 7　螟虫为害形成枯鞘

彩图 8　稻纵卷叶螟虫为害症状

彩图 9　鲫鱼形态特征

彩图 10　罗非鱼形态特征

彩图 11　筛选苗种

彩图 12　鸭-鱼稻田养殖模式

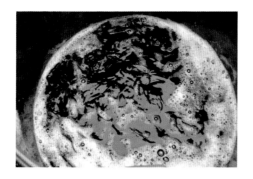
彩图 13　苗种消毒

彩图 14　河蟹

彩图15　黑斑蛙外部形态

彩图16　养蛙稻田防逃防天敌体系

彩图17　自制黑斑蛙食台

经典实用技术丛书

鱼、泥鳅、蟹、蛙、鳖稻田综合种养一本通

成都市农林科学院　组编

主　编　李良玉　魏文燕

副主编　唐　洪　陈　霞　杨壮志

参　编　曹英伟　杨　马　张小丽　陈　健　刘家星

　　　　李　毅　王　恒　程东进　龚财雄　罗建红

　　　　郭中钢　周立新　王定国　苏中海　陈　琪

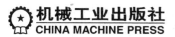
机械工业出版社
CHINA MACHINE PRESS

本书主要介绍了鱼、泥鳅、蟹、蛙、鳖等常见水产养殖种类的稻田综合种养方法，从生物习性入手，详细讲述了如何保持稻渔综合种养产业链中养殖品种与水稻的动态平衡，全面介绍了养殖品种的人工繁殖、苗种培育、饲养管理和疾病防治等养殖过程中的各个环节及关键技术。本书图文并茂，内容新颖实用，设有"提示""注意"等小栏目，对一些知识点配有二维码视频，附有养殖实例，方便读者更好地掌握知识要点。

　　本书可供广大养殖户、技术人员学习使用，也可作为新型职业农民创业和行业技能培训的教材，还可供水产相关专业师生阅读参考。

图书在版编目（CIP）数据

　　鱼、泥鳅、蟹、蛙、鳖稻田综合种养一本通/李良玉，魏文燕主编；成都市农林科学院组编 . —北京：机械工业出版社，2019.1

　　（经典实用技术丛书）

　　ISBN 978-7-111-62347-2

　　Ⅰ.①鱼…　Ⅱ.①李…②魏…③成…　Ⅲ.①水稻栽培②稻田养鱼　Ⅳ.①S511②S964.2

　　中国版本图书馆 CIP 数据核字（2019）第 055732 号

机械工业出版社（北京市百万庄大街 22 号　邮政编码 100037）
策划编辑：周晓伟　责任编辑：周晓伟
责任校对：朱继文　责任印制：孙　炜
保定市中画美凯印刷有限公司印刷
2019 年 5 月第 1 版第 1 次印刷
147mm×210mm·5.375 印张·2 插页·174 千字
0001—4000 册
标准书号：ISBN 978-7-111-62347-2
定价：29.80 元

Preface 前言

　　有研究表明，稻渔综合种养模式下稻谷产量能提高5%~15%，化肥和农药的使用量能分别减少30%和50%以上。由于在生产中大幅度降低了化肥和农药的使用量，同时又能依靠水生动物调节、净化水质，稻渔综合种养模式不仅充分发挥了稻田的生产潜能，还能保护生态环境，提高产品品质，增加单位效益，因此受到了广泛的关注和认可。

　　经过多年的发展，稻渔综合种养作为一种生态种养循环模式已得到大面积推广，在生产中已集成有"稻-鱼""稻-鳅""稻-蟹""稻-鳖""稻-虾""稻-蛙""稻-鸭-鱼"等多种典型模式，面积逐年扩大。以四川省为例，2017年全省稻渔综合种养面积9.67万公顷，水产品产量17.81万吨，占全省水产品总产量的12.3%，实现亩均增收1000元以上，其中"稻-鳖"模式更是达到了4000元以上。稻渔综合种养模式下生产的稻米由于品质得到提升，其售价也大幅度增加，如崇州市的稻米售价每千克可达10元以上，而且供不应求。此外，湖北潜江、辽宁盘锦、江苏盱眙等地的稻渔综合种养也都各具特色，经济效益高，发展速度快，在全国范围内享有很高知名度。但是，在如此大规模地开展稻渔综合种养的同时，我们也应该看到，由于大部分从业者并未接受过系统培训，缺乏相应的技术知识，在生产实践中往往用传统落后的观念去从事技术要求较高的现代农业生产，造成稻渔综合种养的效益没有得到充分挖掘。

　　在这一大背景下，本着共同学习、相互探讨的目的，本书就稻渔综合种养中鱼、河蟹、泥鳅、鳖、蛙等多种水产动物的养殖，从稻田改造到饲养管理，再到成品收获，都逐一进行了说明，还详细介绍了水稻的栽培技术，对一些知识点配有二维码视频（建议读者在Wi-Fi环境下扫码观看），以期为稻渔综合种养从业者和广大农民朋友提供参考。在本书编写过程中，笔者除了对自身在平时工作中的一些经验进行了总结外，还参考了许多专家学者的研究成果，由于篇幅所限，未逐一注明引用资料的出处，敬请作者和有关单位见谅，在此深表感谢。

需要特别说明的是，本书所用药物及其使用剂量仅供读者参考，不可照搬。在生产实际中，所用药物学名、常用名与实际商品名称有差异，药物浓度也有所不同，建议读者在使用每一种药物之前，参阅厂家提供的产品说明以确认药物用量、用药方法、用药时间及禁忌等。购买兽药时，执业兽医有责任根据经验和对患病动物的了解决定用药量及选择最佳治疗方案。

　　由于水平和时间有限，书中难免有不妥之处，敬请同行专家和广大读者批评指正。

编　者

Contents 目录

 稻渔综合种养的发展

第一节 稻渔综合种养的概念

我国幅员辽阔，各地区气候和自然环境条件存在明显差异，主要养殖的渔业产品也各有不同，形成的稻田养殖模式也多种多样。稻田养殖是种植业与水产养殖业有机结合的一种高效生态农业生产方式，是以提高稻田产出率并保持稻田良性生态环境为目的的一种生产模式。稻渔综合种养通过对稻田实施工程化改造，构建稻渔共作、连作系统，通过

稻渔综合
种养概念

规模开发、产业经营、标准生产、品牌运作，实现农药和化肥使用减量，减少农作物和水体环境的污染，提高农产品、水产品质量安全，提升农产品品质，在水稻不减产、稳定粮食产量的同时，增加生态或有机农产品、水产品产出，大幅度提高农业综合效益，达到提质、稳粮、增效的目的，实现一水多用、稻渔并重、以渔促稻、提质增效的目标。稻渔综合种养优势明显，前景广阔，受到全国各地养殖户的重视，现已成为我国水产养殖发展的一个新亮点。

第二节 我国稻渔综合种养的发展历程

稻渔综合种养前身即为稻田养鱼。稻田养鱼在我国有着悠久的历史，最早可以追溯到1700多年前的三国时期。据记载，当时就有稻田养鱼的传统农业模式。《魏武四时食制》中记载"郫县子鱼，黄鳞赤尾，出稻田，可以为酱"，说明当时的成都地区已开始有稻田养鱼。1978年陕西省勉县的一座东汉中期墓葬中，发掘出一件完整的红陶水田模型。该模型除了具备水田田埂、田面、进出水口外，田面还有陶制的荷花、浮萍、鳖、鱼等8件模型，这说明在1700年前的中国已有稻渔综合种养

的萌芽，并对稻田生态有了朦胧的认识。

中华人民共和国成立以前，稻田养鱼基本上是以农民自发生产为主，技术上没有创新。中华人民共和国成立后，在党和政府的重视下，我国传统的稻渔综合种养迅速得到恢复和发展，不但形成了一套完整的稻渔综合种养理论系统，生产技术上还有了创新发展，效益明显提高，使得我国稻渔综合种养不断向广度和深度发展，尤其是近 20 年以来，稻渔综合种养取得了巨大的发展和进步，其种养模式在全国范围内进行推广。我国除西藏以外，其他各省（自治区、直辖市）都发展过稻渔综合种养，1994 年，全国 21 个省（自治区、直辖市）发展稻渔综合种养面积达 1275 万亩（1 亩 ≈ 667 米^2），到 2000 年发展到 2000 万亩，2017 年达到 2250 万亩。农业农村部提出 2018 年将新创建国家级稻渔综合种养示范区 30 个左右，力争全国稻渔综合种养面积达到 3000 万亩以上。纵观中华人民共和国成立后稻渔综合种养的发展历程，由传统的稻田养鱼发展为完善的稻渔综合种养体系，大致经历了传统稻田养鱼的恢复和发展期、稻渔综合种养的创新完善期、稻渔综合种养的快速发展期和稻渔综合种养的综合性发展期 4 个发展阶段。

第三节　我国稻渔综合种养发展现状及主要制约因素

经过 30 多年的发展，我国稻渔综合种养外延迅速扩展，内涵潜力得到较好挖掘。近年来，国家高度重视稻渔综合种养的发展，各级政府也十分看重稻渔综合种养效益。2007 年，原农业部将"稻田生态养殖技术"列入 2008—2010 年渔业科技入户的主推技术；2011 年，稻渔综合种养列入了《全国渔业发展第十二个五年规划（2011—2015 年)》之中，并将其作为渔业拓展的重点领域之一。2012—2015 年国家启动多个专项支持稻渔综合种养的研究与示范。2015 年起，国家农业综合开发项目中设立稻田综合示范基地建设专项，支持稻渔综合种养产业化基地建设。

一、我国稻渔综合种养发展现状

在国家政策的扶持引导下，全国各地也积极响应国家号召，加大了对稻渔综合种养发展的扶持力度。浙江省组织实施了养鱼稳粮工程，并将稻渔综合种养列入浙江省"十二五"农业重点工程；湖北省将稻渔综合种养列入现代农业发展规划，进行重点扶持；四川省将稻渔综合种养纳入现代农业发展工程项目，积极争取各级财政支持，充分利用项目资金引导作用，创新投入机制，整合项目资金，将稻渔综合种养发展为养鱼稳粮工程；宁夏回族自治区稻蟹生态种养作为自治区"一号工程"，在全区大面积推广。

在农业农村部和地方各级政府部门的大力推动下，稻渔综合种养模式和技术不断创新与完善。目前，在辽宁、浙江、湖北、重庆、安徽、江西、福建、四川、宁夏等 13 个示范省（自治区、直辖市），建立了稻渔综合种养核心示范区 87 个，面积 100 多万亩，辐射带动面积约 2000 万亩，示范区水稻产量稳定在每亩 500 千克以上，稻田增效 50% 以上，农药使用量平均减少 51.7%，化肥使用量平均减少 30% 以上，已集成、创新、示范和推广了稻蟹共作、稻鳖共作 + 轮作、稻虾连作 + 共作、稻鳅共作、稻鱼共作 5 类 19 个典型模式，以及 19 项稻渔综合种养配套关键技术。

在此以成都市为例，介绍该地稻渔综合种养现状及发展趋势。

1. 成都市稻渔综合种养发展现状

成都市地处成都平原，面积 14335 千米^2，市域内有岷江和沱江两大水系，水资源总量为 98.35 亿米^3，水产资源基础良好，历来都是我国淡水养殖业发展较好的地区之一，再加上水稻种植面积大，非常适合发展稻渔综合种养。早在 1700 年前，稻田养鱼就在成都平原地区流行，但受自然

成都市稻渔综合
种养发展现状

经济和技术手段的约束，仅为零星的自给性田间副业。中华人民共和国成立后，受自然和人为因素影响，几经兴衰，直到近 20 年，各级政府充分认识到稻渔综合种养的重要性，成都市稻渔综合种养才有了一定的发展。据相关部门统计，目前成都市有稻田 310 多万亩，大多是都江堰、玉溪河自流灌溉田，其中宜渔稻田 50 万亩以上。近年来成都市大力发展规模化和标准化稻渔综合种养，工程化稻田比例逐步提高，并开展了多品种套养、鱼种和成鱼养殖相结合、生态养殖与休闲渔业相结合等模式的示范与推广。2014 年成都市仅有稻渔综合种养面积 0.53 万亩，2015 年为 1.20 万亩，2016 年为 5.57 万亩，2017 年发展到了 9.97 万亩，2018 年达 10 万亩以上。稻渔综合种养模式也在 2015 年已有的"稻-鱼""稻-鳅""稻-蟹""稻-鳖""稻-虾""稻-鸭-鱼" 6 种模式基础上，积极探索并示范推广了"稻-蛙"模式，养殖品种也增加了乌鳢、丁鲹、黄颡鱼等名特优品种，形成了多种模式、多个养殖品种、多种配套技术同时推广的良好格局。稻渔综合种养主要分布在邛崃、崇州等稻田种植集中地区，平均增收

2500 元/亩以上。2017 年成都市实现稻渔综合种养增收 2.5 亿元，取得了较好的经济、社会和生态效益，对全市渔业发展起到了积极推动作用。

目前，成都市稻田养殖模式主要是稻渔共作，即种稻和养鱼（或虾、蛙、鳖等）同时在一块稻田内进行，充分利用稻、鱼（或虾、蛙、鳖等）之间的共生关系。在稻田四周开挖环沟，主要放养品种达 20 余种，包括鲢鱼、鳙鱼、鲫鱼、鲤鱼、草鱼等常规品种，以及小龙虾、青蛙、中华鳖和泥鳅等名特优水产品种。

2. 发展趋势

（1）养殖模式多样化 由过去单一的传统平板式粗放养殖，逐渐发展为沟函结合养殖、沟塘结合养殖，根据不同放养水产品种，在沟宽、沟深及沟垄设计上也有相应调整；养殖模式也由单一的稻渔共生向间作、连作和轮作等多种模式发展，在确保水稻不减产的情况下，充分发挥稻田及土地资源，提高养殖亩产量及效益。

（2）养殖品种多样化 从常规单一养殖品种逐渐发展为多品种养殖综合利用。过去稻田养殖品种主要是草鱼、鲫鱼、鲢鱼、鳙鱼和鲤鱼等常规品种，现在已发展到养殖河蟹、小龙虾、鳖、青蛙、罗非鱼、泥鳅等名特优品种，养殖品种多样化，养殖效益也大大提高。

（3）经营主体规模化 近年来，成都市出台相关惠农政策鼓励发展稻渔综合种养，实行连片作业、规模化经营，实施合作化、企业化和产销一体化，稻渔综合种养专业合作社、种养大户、"公司＋生产基地＋农户"等新型经营主体出现，稻渔综合种养经营主体规模化发展趋势明显。

（4）稻田工程规范化 坚持高标准、高起点的原则，建设规范化、标准化的稻田工程，做到田埂结实、田块不渗漏，稻渔生长空间布局合理，排灌系统设计科学，防逃设施完善，整个田间工程建设规范化。

二、稻渔综合种养发展的制约因素

我国适于稻渔综合种养的稻田面积有 15000 多万亩，而目前已开发利用的 2800 万亩左右，稻渔综合种养还具有广阔的开发前景。从全国情况看，稻渔综合种养总体发展水平不高，仍存在一些关键制约因素。一是稻田工程较复杂，特别是丘陵地区不利于农业机械化生产，还未开发出与稻渔综合种养相配套的农机农艺。二是稻渔综合种养总体技术水平不高，虽然各地加大对稻渔综合种养的扶持，出台了相应的补贴惠农政策，目前大部分地区受政策和产量的影响已自发进行现代综合种养模式生产，但缺乏有效的技术指导和培训。三是农村主要劳动力大量向城镇转移，剩余的老、弱劳动力不能满足稻渔综合种养发展的要求，制约了稻渔综合种养的进一步发展。四是很多地方的稻渔综合种养规模化、产业化配套不完善，苗种供应、技术服务、产品运销不到位，规模效益难以体现，影响农民发展稻渔综合种养的积极性。五是稻渔综合种养产业有机融合度不高，未能充分带动种养产品生产、加工销售和旅游等方面的发展。

第四节　稻渔共生系统

　　稻渔共生系统是典型的农田生态系统，在此共生系统中，水稻、杂草等植物构成了系统的生产者，鱼类、昆虫、各类水生动物（如泥鳅、蟹）构成了系统的消费者，细菌和真菌是分解者。稻渔共生系统（图1-1）通过"鱼吃昆虫和杂草，鱼粪肥田"的方式，使系统自身维持正常的循环，保证了稻田的生态平衡。

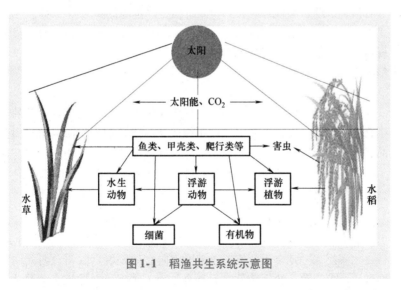

图1-1　稻渔共生系统示意图

　　稻渔综合种养是一个稻渔共生、相互促进的生态系统。鱼类在共生系统中具有耕田除草、减少病虫害的作用，水稻、杂草等植物可为鱼类提供生物饲料，充分发挥稻渔互利共生优势，增加稻田产出，为养殖户带来更大经济效益。

第一章

在稻渔共生系统中，利用鱼除草、摄食昆虫、防治病害，粪便施肥，减少了农药化肥的使用量，有效控制了农业面源污染，促进生态环境建设，并通过稻渔综合种养产业化，建立现代化稻渔综合种养园区，带动第二、第三产业的发展。

第五节 稻渔综合种养的综合效益

一、经济效益

1. 降低生产成本

以稻田养鱼为例，进行介绍。鱼类摄食的杂草 30% 左右能被鱼消化吸收，其余的 70% 左右成为鱼粪归田，增加了土壤有机质的含量，达到肥田的效果，减少了化肥的用量。同时，养鱼田中水溶性的氮、磷、钾含量分别是非养鱼田的 1.7~1.9 倍、6.7~8.7 倍和 1.9 倍，因此在稻田中养鱼能够有效利用肥料，降低生产成本。

2. 增加产出

有研究表明，稻渔综合种养模式下稻谷产量能提高 5%~15%。稻渔模式下，靠稻田天然饵料养鱼，可收获成鱼 30~50 千克/亩；通过投放大规格苗种，成鱼产量可达到 100~300 千克/亩，稻渔共生系统较单一水稻种植利润增加。

3. 带动第二、第三产业发展

通过稻渔综合种养带动第二、第三产业发展，如浙江省青田县的稻鱼结合生产形式，以及由此引申的田鱼文化、田鱼村的旅游资源和田鱼产品，已经逐渐发展成了一种现代渔业文化产业，将现代渔业与农产品加工、休闲旅游等产业结合，促进农村经济发展，提高经济效益。

二、社会效益

1. 实现了立体综合开发农业，提高了水土的利用率

我国人均耕地少，水资源匮乏，而稻渔综合种养将种植与养殖同步，实行一水多用、一地多用，使农业由平面向立体发展，由稻鱼两元结构发展到稻、鱼、菜、食用菌等多元复合结构，实现了立体综合种养，提高了水土的利用率。

2. 加快现代化农业发展的进程

作为一种高效生态农业，稻渔综合种养不仅能增加水产品产出，而且促进水稻增产，有利于农渔各业调整产品结构。因此，发展稻渔综合种养可以促进我国种植业和养殖业的比重朝着适宜的方向发展。

3. 改善食物结构，丰富人民生活

水产品含有丰富的优质蛋白，营养丰富，有助于人们增强体质。稻渔综合种养能为人们提供更多绿色健康的农产品和水产品，尤其是在一些不能大面积开展水产养殖的山区，更应推广和发展稻渔综合种养。稻渔综合种养可结合旅游业开办各种活动，发展渔文化，如开展捕鱼节、鱼灯节、鱼灯舞等民俗活动，丰富人民的生活。

三、生态效益

1. 有利于维持生态平衡

水稻田间的杂草及虫类都是水产品的天然饵料，且农药对水产品生长不利，稻渔综合种养期间很少或不喷洒农药。同时，保留少数杂草或害虫，这对于维持物种的多样性和生态平衡是很有利的。

2. 有效减轻病虫害

作为水稻害虫的二化螟、食根金花虫等个体发育都是在水中完成的。这些幼虫是鱼类喜食的天然饵料；有些稻田害虫，如稻飞虱，虽未有幼体在水中，但在风吹雨打时被吹入田中，同样被鱼摄食。据田间试验测定，在稻渔综合种养复合种植系统中，鱼能有效吃掉稻田中害虫的50%以上。

3. 有效减少农田杂草

稻田杂草危害是影响水稻产量的主要因素之一，其除了与水稻争肥之外，还争空间、水分和阳光，严重时可使水稻减产10%～30%。稻田的中耕除草，除人工除草外，许多地方还大量使用化学除草剂，造成了较为严重的环境问题。有相关研究表明，稻渔综合种养对稻田杂草有良好的控制效应，它可以在不使用除草剂的条件下，有效地防除稻田稗草、水马齿和莎草等杂草。通过调查发现，杂草丰富时，草鱼会优先取食稗草，在稗草数量减少后，一些阔叶杂草和莎草也基本被取食完。

4. 减少环境污染

据报道，在喷施的农药中，99.9%都挥发到大气、淋溶流失到土壤和水域中，或残留于作物中，所施化肥的平均利用率也只有40%左右。稻渔综合种养集灭虫、除草、中耕、施肥于一体，在某种程度上可代替和减少化肥及农药的使用，减轻了农业污染对水体富营养化的影响，从而减少对环境的污染。

第二章 稻田工程建设及配套设施

第一节 稻田工程建设

一、稻田的选择

稻田要求交通便利、地形规整，水源充足、水质良好无污染，进排水方便，土质优良无污染、土壤保水力强。

二、田间工程

稻田养殖模式可分稻—鱼类（草鱼、鲫鱼、罗非鱼、泥鳅等）、稻—甲壳类（虾、蟹等）、稻—两栖类（蛙类）和稻—爬行类（鳖等），养殖品种多样，田间工程略有差异，但大同小异。田间工程施工以机械挖方为主，人工辅助修整，稻田四周修建

稻田工程建设

环沟，选择稻田修建暂养池，环沟和暂养池面积不超过整块稻田面积的10%（图2-1、彩图1）。

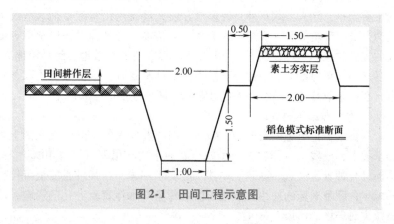

图2-1　田间工程示意图

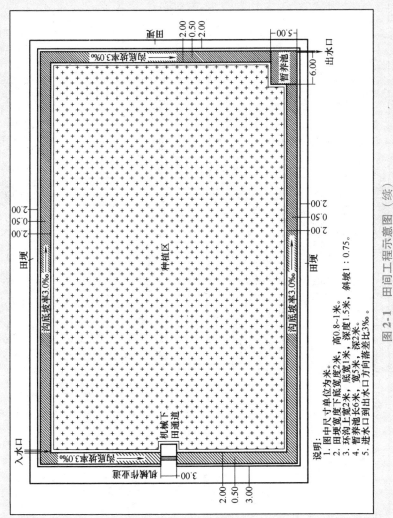

图 2-1 田间工程示意图（续）

说明:
1. 图中尺寸单位为米。
2. 田埂宽度下底宽2米，高0.8~1米。
3. 环沟上宽2米，底宽1米，深度1.5米，斜坡1：0.75。
4. 暂养池长6米，宽5米，深2米。
5. 进水口到出水口方向落差比3‰。

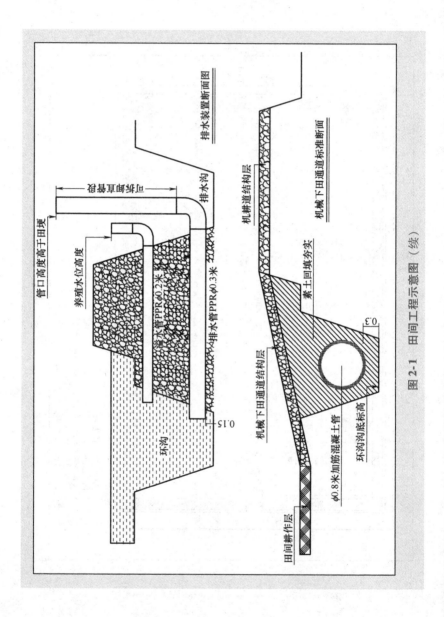

图 2-1 田间工程示意图（续）

1. 稻—鱼类田间工程

（1）环沟 以一个单元20亩为例，紧挨田埂在田内挖一条宽1.5～2米环沟，环沟占整块田面积的7%左右。主要分两部分，其中紧挨出埂40～50厘米要与田面保持同一平面，作为土埂护坡区，环沟深度为1.2～1.5米，环沟底部宽度1米以上，环沟截面为梯形，上宽下窄，斜坡比1∶0.75，作为养殖区，边坡适度并夯实，所挖泥土用于加高加固四周田埂，预计加高50～60厘米，田埂要保证不裂、不漏、不垮塌，进水口到出水口方向落差比为3‰，利于田水排出。

（2）暂养池 在稻田进水口或出水口的一角开挖暂养池，暂养池占整块田面积的3%，暂养池一是用来暂养鱼苗苗种，二是便于成鱼集中捕捞，暂养池要求长4～6米、宽3～5米、深1.7～2米，比环沟深50厘米，形状因地而异，以长方形最宜。暂养池要求水源充足，与环沟相通。如有条件可按照10～20亩稻田配套1亩池塘作为暂养池。

（3）农机通道 面积较大田块需在田块合适位置建一个农机通道，保证机械能顺利上下田操作，在农机通道位置下方要安放直径60～90厘米加筋混凝土管，高出环沟底部30厘米，避免淤泥堵塞混凝土管，素土回填夯实，保证环沟水流通畅，鱼类正常活动。

2. 稻-甲壳类田间工程

（1）环沟 甲壳类（虾、蟹等）易打洞，环沟距田埂距离要稍远一点，一般在稻田内侧距离田埂1米处开挖环沟，如图2-2所示，环沟截面为梯形，上宽下窄，使沟上宽3米、下宽1米、深1米以上，其中靠

图2-2 环沟

近田埂一侧宽度为 40~80 厘米的区域深度为 30 厘米，作为浅水区种植水草，环沟的面积不超过稻田总面积的 10%，开挖环沟的泥土主要用于加高、加厚、加宽田块，田埂要求高 70 厘米以上，稻虾养殖田埂要求宽 2 米以上。要将田埂打结实，以便大雨时大水不会将田埂冲垮，且不会漏水，内田埂为斜坡形，其坡比为 1:3，进水口与出水口应设置在稻田的对角处。

（2）暂养池　在稻田进水口的一角开挖暂养池，暂养池面积约为稻田面积的 3%，形状以长方形为宜，防止甲壳类打洞。暂养池与环沟相通，以可拆除的 0.8~1 米宽的土田埂隔断（需暂养时用土田埂隔断，其余时候将土田埂拆除，使暂养池与环沟相通）。有条件的可于田边利用田埂种植各种瓜果，既能增加产值又能为甲壳类提供避暑场所。

（3）农机通道　在田块合适位置建一个农机通道，保证机械能顺利上下田操作，在农机通道位置下方要安放直径 60~90 厘米加筋混凝土管，高出环沟底部 30 厘米，避免淤泥堵塞混凝土管，保证环沟水流通畅，甲壳类正常活动。

3. 稻—爬行类田间工程

（1）环沟　在稻田四周开挖一条环沟作为鱼溜，当夏季高温时可作为中华鳖、龟等的避暑场所，水稻晒田、施肥、喷药时，可作为鳖隐蔽、遮阳、栖息的场所。环沟约占整块田面积的 7%，紧挨田埂在田内挖一条宽 1.5~2 米的环沟，主要分两部分，其中紧挨田埂 40~50 厘米要与田面保持同一平面，作为土埂护坡区；环沟深度为 1.2~1.5 米，环沟底部宽度 1 米以上，作为养殖区。环沟截面为梯形，上宽下窄，边坡适度并夯实。开挖环沟所起的土壤主要用于稻田田埂的加高、加宽、加固。

（2）暂养池　暂养池位于进水口一角，长 4~6 米、宽 3~5 米、深 1.5~2 米，形状因地而异，以长方形为宜，暂养池要求水源充足，与环沟相通。

（3）农机通道　面积较大田块需在田块合适位置建一个农机通道，保证机械能顺利上下田操作，在农机通道位置下方要安放直径 60~90 厘米加筋混凝土管，高出环沟底部 30 厘米，避免淤泥堵塞混凝土管，素土回填夯实，保证环沟水流通畅，爬行类正常活动。

第二节 配套设施

一、防逃设施

进排水口需设置拦鱼栅，栅上端要超过田埂20～30厘米；下端要埋入土中15厘米，以防逃鱼或野鱼等敌害入田。拦鱼栅材料选用木制、条编或网片等材料均可。拦鱼栅的孔隙或网眼大小，要根据所放养鱼种规格来确定，但必须保证不阻水，不逃鱼。拦鱼栅安装后凸面迎向水流（进水口凸面朝田外）增加过水面积，分散对拦鱼设备的冲击力。拦鱼栅的形状有"⌒""∧""—"等。为安全保险起见，拦鱼栅要设两层，一层起拦渣作用，一层起拦鱼作用。

养殖虾、蟹、鳖等品种的稻田四周还需设置防逃网，可选用盐浸膜、塑料膜、铁皮板等材质建设，下埋20厘米，地面上高度50～90厘米，防止养殖动物逃逸（图2-3）。

防逃设施

图2-3 防逃设施

二、防敌害设施

防鸟可用防鸟网。为了便于田间管理和操作，先用不生锈的钢丝拉成网形后，用毛竹撑起离水面2米以上，便于机械和人工操作及收割机收割。

三、进排水设施

进排水口应对角设置，一般进排水口采用PPR管道，排水管呈"L"形，稻田内部分埋于田块底部，排水管道伸出一个可取下的垂直管道，可利用田内水压调节水位，进排水设施均需做好防逃。进排水口最好设在稻田相对两角的田埂上，以便田水能全部流通，有利于水稻和鱼类（甲壳类、爬行类等）的生长，大的田块进排水口应多设一些（图2-4）。

进排水设施

图2-4　进、排水设施

四、搭建食台

为了观察鱼类吃食情况和避免饲料的浪费，每一田块需搭建1～2个食台，用直径5厘米的PVC管做成适宜大小的正方形或长方形食台，固定于环沟中（彩图2a）。中华鳖、龟等需在环沟中每隔10米左右放置一块木板作为中华鳖的晒背台和食台（彩图2b）。

五、其他配套设施

在稻田沿路边设置安全生产标志牌或警示标语，减少安全隐患（图2-5）；稻田养殖还必须配备抽水机、泵作为备用水源，准备养殖用鱼筛、渔网、工具等，建造看管用房等生产生活配套设施。

防鸟设施和食台

图2-5　警示标志牌

第三章 水稻栽培技术

第一节 特征特性

一、形态特征

水稻，一年生草本，秆直立，高 0.5～1.5 米（随品种而异）。叶鞘松弛，无毛；叶舌披针形，长 10～25 毫米，两侧基部下延长成叶鞘边缘，具 2 枚镰形抱茎的叶耳；叶片线状披针形，长 40 厘米左右，宽约 1 厘米，无毛，粗糙。

圆锥花序大型疏展，长约 30 厘米，分枝多，呈棱粗糙，成熟期向下弯垂；小穗含 1 朵成熟花，两侧压扁，呈长圆状卵形至椭圆形，长约 10 毫米，宽 2～4 毫米；颖极小，仅在小穗柄先端留下半月形的痕迹，退化外稃 2 枚，锥刺状，长 2～4 毫米；两侧孕性花外稃质厚，具 5 脉，中脉成脊，表面有方格状小乳状凸起，厚纸质，遍布细毛，端毛较密，有芒或无芒；内稃与外稃同质，具 3 脉，先端尖而无喙；雄蕊 6 枚，花药长 2～3 毫米（图 3-1）。

图 3-1　水稻开花

二、生长环境

水稻喜高温、多湿、短日照，对土壤要求不严，但是壤土最好。幼苗发芽最低温度为 10℃，适温为

28~32℃。分蘖期日均温度在20℃以上，穗分化适温为30℃左右；低温使枝梗和颖花分化延长。抽穗期适温为25~35℃。开花适温在30℃左右，低于20℃或高于40℃时授粉会受到严重影响。相对湿度以50%~90%为宜，穗分化至灌浆盛期是结实关键期；营养状况平衡和高光效的群体，对提高结实率和粒重意义重大。抽穗结实期需大量水分和矿质营养，同时需增强根系活力和延长茎叶功能期。每形成1千克稻谷需水500~800千克。

三、营养价值

稻粒称为稻谷，有一层外壳，碾磨时常把外壳连同米糠层一起去除，有时再加上一薄层葡萄糖和滑石粉，使米粒有光泽。碾磨时只去掉外壳的稻米叫糙米，富含淀粉，并含约8%的蛋白质和少量脂肪，含维生素 B_1、维生素 B_3、维生素 B_2、铁和钙。碾去外壳和米糠的大米叫精米或白米，其营养价值大大降低。

四、用途

米的食用方法多为煮饭，配以各种汤、配菜等食用。碾米的副产品包括米糠、磨得很细的米糠粉和从米糠中提出的淀粉，均可用作饲料。加工米糠得到的油既可作为食品也可用于工业。碎米用于酿酒、提取酒精和制造淀粉及米粉。稻壳可做燃料、填料、抛光剂，可用以制造肥料和糠醛。稻草可用作饲料、牲畜垫草、覆盖屋顶的材料、包装材料，还可用于制作席垫、服装和扫帚等。

第二节　播种与育苗技术

一、品种选择

水稻优良品种除具备水稻新品种的基本条件外，还应具备产量高、适应性广、品质好、抗逆性强四个特点。水稻品种应选择稻米品质达国家优质稻谷二级以上的，有较好的综合性状等生产优势，并通过审定定名，要有较强的适应性能，同时做到品种的合理搭配与布局。各地适宜品种各有不同，目前，适合四川地区稻田综合种养推广应用的优质稻品种有：宜香4245、德优4727、宜香优2115、川优6203、宜香优7633等。

二、适期播种

水稻播种期与各地区气候、耕作连作制度、品种特性、病虫害发生期及劳动力的安排密切相关，在生产实践中，安排适宜的播种期就能协调好上述各因素，达到趋利避害、提高产量和改进品质的目的。其中最为重要的是气候条件，如果播期不当，水稻灌浆结实期遇高温，结实率、糙米率、精米率和整精米率都会降低，垩白度、垩白粒率显著提高，蒸煮品质变劣，食味变差。生育后期光照不足或气温过低，往往造成抽穗不畅不齐、空秕粒增加或籽粒充实不良、青米增多，既影响产量又影响品质。因此，应在茬口、温度和光照条件适宜的范围内安排适宜播种期，力争产量和米质形成期与最佳温度和光照资源条件同步，避开灌浆结实期的高温或低温，以及暴雨、病虫等自然灾害。

三、壮秧培育

1. 种子处理

水稻播种前要经过一系列的种子处理措施，确保水稻苗齐苗壮，为水稻生产提供足够数量健康的秧苗打好基础。播种前水稻种子的处理主要有：发芽试验、晒种、选种、浸种、消毒和催芽等。

（1）晒种 晒种可以有效提高种子的发芽率和发芽势。主要原因在于：晒种可促进种子后熟，提高酶的活性，降低谷壳内胺 A、谷壳内胺 B、离层酸和香草酸等物质浓度，这些物质浓度高时对发芽有抑制作用。同时晒种时太阳光谱中的短波光如紫外线具有杀菌能力，起到一定的杀菌效果。晒种方法一般是将种子薄薄地摊开在晒垫上或水泥地上，晒1～2天，勤翻动，使种子干燥度一致。

（2）选种 通过选种使种子纯净饱满，发芽整齐。杂交水稻种子一般用清水进行选种。

（3）浸种 浸种是使种谷较快地吸水，达到正常发芽的含水量（40%左右），促进发芽整齐（图3-2）。达到稻种萌发要求的最适含水量所需的吸水时间，水温30℃时约需24小时，水温20℃时约需48小时。浸种时间不宜过长，以免造成种子无氧呼吸，胚乳物质发酵成酒精，降低发芽率。杂交水稻种子不饱满、发芽势低，采用间隙浸种或热水浸种的方法，可以提高发芽势和发芽率。

（4）消毒 水稻的多种病害均能通过种子带菌传播，需使用消毒剂或强氯精浸种消毒。消毒可与浸种结合进行，种子经过消毒，若已吸足水分，可不再浸种；吸水不足，换清水继续浸种。凡用药剂消毒的稻种，都要用清水清洗干净后再催芽，以免影响发芽。浸种时可选用25%咪鲜胺乳油 2 毫升兑水 5 千克，浸种 5 千克，浸种时间为 24~48 小时。拌种时可选用 30% 噻虫嗪种子处理悬浮剂 3 毫升兑水 100 毫升，拌种 1 千克（图 3-3）。

图 3-2　浸种

图 3-3　药剂拌种

注意

药剂浸种时间为 12~24 小时，不能超过 24 小时，时间到后立即换清水清洗。

（5）催芽　机械播种催芽"破胸露白"即可。注意谷芽标准为根长达稻谷的 1/3，芽长为 1/5~1/4，在谷芽催好后，置室内摊晾 4~6 小时，且种子水分适宜、不粘手即可播种（图 3-4 和图 3-5）。

图 3-4　催芽

图 3-5　谷芽

催芽方式可选用温室，或用青草覆盖。

2. 主要育秧方式和技术要求

育秧是在旱地条件下育苗，苗期不建立水层，主要依靠土壤底墒和浇水来培育健壮秧苗的一种育秧方式。目前生产上推广的旱育秧方式有工厂化育秧（彩图3）、大棚育秧，采用的技术有水稻塑料软盘旱育秧技术和人工栽插旱育秧技术（旱育保姆育秧技术）等。

（1）水稻塑料软盘旱育秧技术

1）科学选择苗床地，要求靠近水源，排灌方便，土壤肥沃，背风向阳，土质疏松，附近无病虫害的菜园、闲置院场和水田做苗床均可。

2）做厢规格。一般有两种规格。一种是将苗床做成1.2米宽，可横放2张秧盘；另一种是将苗床做成1.8米宽，可横放3张秧盘，这种方法能充分利用农膜。根据排灌条件和当地实际情况，苗床可做成高洼式和低洼式两种形式。苗床之间及四周做成30厘米×30厘米的排水沟，便于排灌。

3）准备秧盘。目前生产的塑料软盘规格有561孔、434孔和353孔3种，一般434孔较为适宜，每亩需秧盘25～35张。根据苗床规格，合理摆放秧盘，摆放秧盘时要压紧、压实，使秧盘底部每个小孔穴都与池面紧密贴合，达到紧贴不悬空。

4）配制营养土。每亩需过筛肥沃土5千克，土质选用黏度适中，无杂草籽、石块。配制时将7份肥沃土和3份腐熟有机肥混合搅拌均匀，粉碎后过筛，播种前5～10天将其量的2/3与壮秧剂混合，比例为100∶1.25，然后翻捣混合拌匀备用，其余1/3在播种后做覆盖土用。营养土配制完应加盖棚布或堆放在室内，以防雨淋。选用营养土时，严禁选用沙壤土，以免抛栽时，泥坨松散，影响抛秧质量。苗床水浇足是保证播后苗全、苗齐的关键。

最好在播种前1天给苗床浇足水，让土壤充分吸收，第2天摆放秧盘前，需再浇1次透水，到苗床面起浆时为止。

5）播种。播种时采用人工手播或专用播种器播均可（图3-6）。先向已摆放平整的盘孔穴内添加 2/3 的过筛营养土，然后将催芽露白的种子播 2/3、留 1/3 补空穴。尽量做到不漏穴，保证每个孔穴均有 2～3 粒种子。播后覆盖营养土，达到谷不见天，用压板压实，并刮去盘面上多的营养土，达到孔穴界面上无存土，以防秧根互相粘连。用细眼喷壶浇足水分，待吸干后再喷，使盘孔内水分达到饱和，然后喷施除草剂（旱秧净）进行化学除草。

图 3-6　机械化自动播种设备

6）盖农膜。先用竹条搭拱架，拱架高 45 厘米、拱距为 50 厘米，也可交叉搭拱架，然后覆盖农膜。农膜四周用细土压实封严，并在膜外留好排水沟。播种至出苗前要盖膜保温，一叶一心时适当在两头揭开小口通风炼苗，温度保持在 30℃ 以内，超过 35℃ 就要从两头揭膜适当降温。二叶期温度控制在 25℃ 以内。在二叶一心期日平均气温保持在 16～18℃时，白天揭膜晚上盖膜，三叶期气温稳定时可完全揭膜。

7）水分管理。在二叶期前，秧盘面以湿润为主，二叶后期，要控制水分以旱为主。一般保持盘土不发白或叶片不萎蔫为宜，尽量少浇水，以充分发挥旱育优势。需水时，早晨喷水较好，中午或晚上不宜喷水。最后一次喷水，要在起秧前 1～2 天进行。切忌起秧时浇水，以保证秧根部携带泥土利于抛栽。

8）合理施肥。秧苗长至二叶期时，根据苗情施追肥，每 45 盘喷施 1% 的尿素溶液 1.5 升，喷施后必须用清水冲洗秧苗。起秧前 3～5 天施送嫁肥。

9）防治病虫害。二叶期开始要及时防治立枯病、青枯病、稻蓟马和螟虫。水稻带药移栽是在水稻秧苗移栽到本田前 3～5 天施药的病虫防控技术，此技术将病虫防治关口前移，压前控后，能有效减少化学农药使用量，具有省工、节约成本的特点。预防稻瘟病，防治稻蓟马、螟虫等，可选用 70% 吡虫啉、75% 三环唑、40% 氯虫·噻虫嗪兑水 15 千克喷施秧苗。

（2）人工栽插旱育秧技术

1）育秧苗床准备。选择地势平坦、土质肥沃、管理方便的旱地，最好是长年未施过草木灰的蔬菜地，一般栽一亩水稻，需要一分（1 分 = 66.7 米²）旱地作为苗床地。

2）开厢调酸施肥。苗床一般做成低厢，长宽因地制宜，一般厢宽 1.5 米，深 5～10 厘米。在平整苗床时，留足细土用作盖种，然后每亩苗床地撒施过磷酸钙 50 千克，来回翻挖 3 次，将肥料均匀混入 10 厘米深的土层内，最后精细平整，做到厢平土碎。

3）晒种、浸种、包衣。播种前将种子拆袋晒种 1～2 次，将种子放在清水中浸泡 1 小时或延长到 12 小时，播种时将种子捞出，沥去多余的水分（以稻种不滴水为准），然后按一袋种衣剂（旱育保姆）可以包衣栽一亩的水稻种子进行包衣，即：先将种衣剂置于圆底容器中，将浸湿的稻种慢慢加入容器内进行滚动包衣，边加边搅拌，直到将种衣剂全部包裹在种子上即可播种。

4）适时提早播种。旱育秧一般比水育秧早 7～10 天播种，播种时一定要浇透浇足苗床底水，一般在播种前 1 天和播种前各浇 1 次透水，使苗床达到饱和状态，然后将包衣的稻种分厢定量均匀撒播在苗床面上，再用包上薄膜的木板轻轻镇压，使种子三面入土，再撒盖一层 0.5 厘米左右厚的本土细泥，切实盖匀盖严，以不见种子为度。再用“新野”化学除草剂喷施厢面，最后盖膜压严四周，保温保湿。

5）苗床旱育旱管（图 3-7）。出苗期：播种至出苗这段时间重点是保温保湿，一般不揭膜。一叶期：从现针开始，加强薄膜的管理。晴天气温高，将薄膜揭开两头，或在薄膜上覆盖稻草降温，一叶全展开时，坚持日揭夜盖，持续 2～3 天，即可将薄膜全揭。只要叶片不卷筒，就不必浇水。秧苗长到 1.5 叶时，每平方米苗床用 2.5 克“敌克松”兑成 1000 倍液喷施，防止立枯病、青枯病害的发生。三叶期：施断奶肥，促分蘖，炼苗控高。每亩苗床地用尿素 5～10 千克加少量无渣清粪水兑水泼施，施肥后必须用清水洗苗。若当时气温偏低，只用清粪水促苗。三叶期后的苗床管理，每隔 1 片叶适量追施 1 次肥水。移栽前防治 1 次二化螟，做到带药带肥下田。

图 3-7　苗床管理

注意

　　对于土壤酸性不符合条件的要进行调酸消毒，弱酸性的土壤为宜（一般 pH 为 5~6）；苗床与本田（大田）面积以 1:20 的比例为宜。

第三节　大田生产技术

一、移栽技术

1. 大田准备

　　成都市的水稻前作多为小麦和油菜，少数是蔬菜地，每亩宜施用有机配方肥 40 千克左右，实行基肥一道清，以后不再追肥。利用旋耕机平整本田，大田旋耕后要求田块内落差不大于 3 厘米，田面无过量秸秆和杂草，插秧时有水深 2~3 厘米的浅水层。

施肥

2. 插植方式

　　稻田综合种养实施中需要一定面积空间供鱼、蛙、蟹等生存（如环沟、暂养池），此外还需要防逃设施（如围网）和保水设施（如高垄）等，这些田间工程将减少水稻种植面积 8%~10%。为了确保水稻产量不减，要求单位面积内水稻穴数不减，对水稻栽培技术进行改进。优质水稻插植方式宜采取宽窄行方式，有利于改善田间通风透光条件，增加植株有效受光量，提高光合生产率，有利于改善田间小气候，扩大温差，降低温度和减少病虫害发生。

3. 插植规格和密度

水稻采用宽窄行或等行距种植，边际加密技术。稻田养殖鱼、蛙、蟹等体型较小的水生动物可采用等行距，栽插规格为 20 厘米 × 30 厘米（图3-8）。东西向种植，有利于增加通透性和稻田中鱼、蛙、蟹等的生长。同时还要适当增加环沟两边的栽插密度，充分发挥边际优势。保证每亩插秧1.2 万 ~ 1.5 万穴，每穴 4 ~ 6 苗，实现单位面积内水稻种植穴数不减。该技术既通过利用边际效应稳定了水稻的产量，又提高了水稻对光照的利用，增加了水中溶解氧，加大了鱼、蛙、蟹等的活动空间，保证了鱼、蛙、蟹等的生长。

4. 适宜秧龄与栽插质量

若采用机插秧方式，要求叶龄在3.5 ~ 4 叶为宜，苗高 12 ~ 17 厘米，根系发达，盘根良好（图3-9）。在适期早插的基础上，注意提高移栽质量。插秧要做到浅、匀、直、稳。浅即浅插，能促进分蘖节位降低，早生快发；匀是指行株距规格要匀，每穴的苗数要匀，栽插的深浅要匀；直、稳是指要注意栽直，既栽得浅又要求栽稳，无浮秧。

图 3-8　等行距栽插　　　　图 3-9　机插秧

二、稻田水分管理技术

在稻田返青期要保持一定水层，为秧苗创造一个温湿度较为稳定的环境，促进早发新根，加速返青。在水稻分蘖期保持田间浅水层，稻田土壤昼夜温差大，光照好，促进分蘖早发，单株分蘖数多。够苗适当晒田，控苗。稻穗发育期需水量最大，占全生长期需水量的 30%~40%，适宜采用水层灌溉。淹水深度 10 厘米左右，出穗开花期要求有水层灌溉。以成都市为例，水稻在抽穗开花期常遇高温伤害问题，稻田保持水层，可明显减轻高温影响，同时又有利于鱼、蛙、蟹等的生长。

晒田、浅灌

窍门　稻田养殖鱼、蛙、蟹等后，鱼、蛙、蟹等的排泄物含有丰富的水稻生长所需养分，水稻移栽后，一般不施肥。

第四节　水稻的主要病虫害

一、主要病害

1. 稻瘟病

稻瘟病又名稻热病，水稻自幼苗至抽穗均可发生，是一种多循环病害，越冬的菌丝在适宜时期能产生大量的分生孢子，在秧苗或秧田形成初侵染，由于受干旱、高温等特殊气候影响，再加上进入雨水季节，田间温湿度增大，给稻瘟病的发生创造了有利条件，一旦发生，会导致水稻减产甚至绝收。

稻瘟病按病害在水稻不同生育期和不同部位所表现的症状，可分为苗瘟、叶瘟、节瘟、穗颈瘟和谷粒瘟（图 3-10）。

（1）苗瘟　在种子发芽至三叶期以前发病，病苗在靠近土面的茎基部变为灰黑色，上部变为浅红褐色。

（2）叶瘟　在秧苗及成株叶片上都可发生，有 4 种不同形状的病斑。

（3）节瘟　发生在茎节上，初期出现针头大的褐色小点，后扩大至节的全部或一部分变为黑褐色，茎秆容易折断。

图 3-10　稻瘟病侵染示意图

（4）穗颈瘟 主要在穗颈或穗轴和枝梗上发生。穗颈发病时，病斑呈褐色或灰黑色，从穗颈向上下蔓延，最后造成白穗，详见彩图4。

（5）谷粒瘟 谷粒上病斑变化较大，一般为椭圆形，呈褐色或黑褐色，中央可变为灰白色，米粒不充实，甚至变黑。

2. 水稻纹枯病

水稻纹枯病又称云纹病，苗期至穗期都可发病。病菌主要以菌核在土壤中越冬，也能以菌丝体在病残体上或在田间杂草等其他寄主上越冬。第二年春灌时菌核漂浮于水面与其他杂物混在一起，插秧后菌核黏附于稻株近水面的叶鞘上，条件适宜时菌核生出菌丝侵入叶鞘组织为害。水稻拔节期病情开始激增，病害向横向、纵向扩展，抽穗前以叶鞘为害为主，抽穗后向叶片、穗颈部扩展。长期深灌，偏施、迟施氮肥，水稻生长过于茂盛，徒长都会促进纹枯病的发生和蔓延。

3. 水稻立枯病

水稻立枯病是在幼苗一叶一心至二叶一心期，由于受低温、土壤水分及空气湿度偏低、弱苗等多种不利因素影响，导致秧苗的抗病能力降低，从而被病菌乘虚侵入所致的苗期病害。首先表现为根色不鲜，逐渐变为黄褐色，潮湿时茎基软腐，心叶卷曲萎蔫，全株青枯或变黄褐色枯死，严重时全田死亡，详见彩图5。

4. 稻曲病

稻曲病是水稻后期发生的一种真菌性病害，近年来，在各地稻区普遍发生，而且逐年加重，危害较大，对有些杂交水稻品种的危害特别严重，严重影响水稻产量。稻曲病主要以菌核在土壤中越冬。稻曲病的发生程度除了与水稻孕穗、抽穗期间的气象有关外，还受施肥水平的影响，氮肥水平越高的田块发生越重。稻曲病仅在水稻开花以后至乳熟期的穗部发生，且主要分布在稻穗的中下部。稻曲病粒比健粒大3~4倍，呈黄绿色或墨绿色，人食病粒易生病，详见彩图6。

5. 稻粒黑粉病

该病主要发生在水稻扬花至乳熟期，只为害谷粒，每穗受害1粒或数粒乃至数十粒，一般在水稻近成熟时显症。染病稻粒呈污绿色或污黄色，其内有黑粉状物，成熟时腹部裂开，露出黑粉，污染谷粒外表。

二、主要虫害

1. 二化螟

二化螟除了为害水稻外，还为害玉米等。其以老熟幼虫在稻茬、稻草和其他寄主植物的根茬、茎秆中越冬。水稻二化螟 1 年发生 1~5 代。在成都平原地区，经过越冬的二化螟，在幼虫羽化后产卵并在 5 月上旬进入第一次孵化的始盛期，5 月中旬达到高峰；二代二化螟为害的高峰期在 7 月中旬至 8 月初。这两个时期分别是水稻的孕穗期和抽穗期，若受二化螟侵害，易造成虫伤株和枯穗，严重影响水稻产量，详见彩图 7。

2. 稻苞虫

稻苞虫幼虫通常在避风向阳的田、沟边、塘边等处越冬。在四川一年发生 5~6 代，能缀成多叶苞。稻苞虫的主要为害时期在 6 月下旬至 8 月，一年中严重为害水稻的时期多在 8 月中下旬。到 10 月以后，成虫飞到越冬寄主上产卵繁殖至幼虫。

3. 稻蓟马

冬季以成虫在禾本科杂草中和麦类作物上越冬，第二年育秧期间，秧苗长至 2~3 片叶时飞入秧田产卵繁殖。成虫虫体小，非常活跃，能飞能跳，受惊就飞散，具有趋绿性。此时秧苗移栽后正进入分蘖期，食料丰富，利于大量产卵繁殖，为害心叶和幼嫩组织，严重时秧苗枯死。

4. 稻飞虱

以四川地区为例，为害水稻的主要是褐飞虱。褐飞虱体小，主要由南方稻区迁飞而至，有群集为害的习性。虫害发生时多呈点片状现象，先在下部为害，很快暴发成灾，如 2007 年四川省大部分地区重度发生，重灾区有相当一部分田块损失惨重。

5. 稻纵卷叶螟

以幼虫缀丝纵卷水稻叶片成虫苞，幼虫匿居其中取食叶肉，仅留表皮，形成白色条斑，致水稻千粒重降低，秕粒增加，造成减产，详见彩图 8。

第五节 水稻主要病虫害的防治技术

一、防治方式

在当地农业植保部门指导下，以专业化防治服务组织或种植合作社为主体，开展专业化统防统治。

二、防治原则

优先采用农业防治措施，通过选用抗病虫品种，科学合理处理种子，培育壮苗，加强栽培管理，科学管水、管肥，中耕除草，清洁田园等一系列生态调控措施起到防治病虫草害的作用。稻田养鱼、蛙、蟹等后，水稻的病虫害明显减轻，尤其是使用诱虫灯、性信息素诱杀害虫后，农药的用量会大大地减少。为了提高稻谷和稻田水产品的品质，生产出有机（最少要实现绿色）产品，在施用农药时必须要使用对水稻、鱼、蛙、蟹等危害很小的低毒药剂，并严格控制用药量和次数。

三、防治方法

1. 非化学防治

（1）灌深水灭蛹 在二化螟越冬代化蛹高峰期，及时翻耕并灌 5～10 厘米的深水，经 3～5 天，杀死大部分老熟幼虫和蛹。

（2）合理利用和保护天敌 水稻生产前期适当放宽防治指标，田垄种植大豆，蓄养天敌，利用青蛙、蜘蛛、蜻蜓等捕食性天敌和寄生性天敌的控害作用来控制害虫危害。

只要危害不大，能不治，就不治。

（3）诱虫灯诱杀成虫 利用害虫对光的趋性，田间设置诱虫灯，诱杀二化螟、三化螟、大螟、稻飞虱、稻纵卷叶螟等害虫的成虫，减少田间落卵量，降低虫口基数。每 30～40 亩安装 1 盏灯，采用"井"字形或"之"字形排列，安装高度为 1.5～2 米，灯距为 150～200 米，天黑开灯，凌晨 6：00 关灯，定时清扫虫灰，详见图 3-11。

病虫害防治

图 3-11 诱虫灯

（4）性诱剂诱杀 在二化螟每代成虫始盛期，每亩放置 1 个二化螟诱捕器，内置诱芯1个，每代换1次诱芯，诱捕器之间距离25米，放置高度在水稻分蘖期以高出地面30~50厘米为宜，穗期高出作物10厘米，采取横竖成行，外密内疏的模式放置。在稻纵卷叶螟始蛾期，每亩放置2个新型飞蛾诱捕器，距离为18米，诱芯所处位置低于稻株顶端20~30厘米，每30天换一次诱芯，详见图3-12。

图 3-12 性诱剂

2. 化学防治

（1）防治适期 重视秧田病虫害防治，使秧苗健康下田，减少大田防治次数，节约农药成本。根据当地植保部门发布的病虫害防治信息，在主要病虫害的关键防治时期或达到防治指标时进行药剂防治（表3-1）。

表 3-1 水稻主要病虫害防治指标或防治适期

病虫害名称	防治指标或防治适期
秧苗期恶苗病和稻瘟病	水稻浸种时预防
二化螟	分蘖期二化螟为枯鞘株率3.5%，穗期二化螟为上代亩平残留虫量500头以上，当代卵孵盛期与水稻破口期相吻合
稻飞虱	分蘖盛期每百丛500头，穗期1500头
稻纵卷叶螟	分蘖及圆秆拔节期每百丛有50个束尖，穗期每亩平均幼虫过10000条
纹枯病	水稻封行时防治1次，病丛率达20%时再次防治
稻瘟病	分蘖期田间出现急性病斑或发病中心，老病区及感病品种及长期适温阴雨天气后水稻穗期预防
稻曲病	水稻破口抽穗前5~7天施药，如遇适宜发病天气，7天后需要第2次施药

（2）**用药品种** 农药要选用对口、高效、低毒、低残留的生物农药，禁止施用已限禁农药，严禁使用对鱼、蛙、蟹等高毒的农药品种。农药剂型方面，应多选用水剂或油剂，少用或不用粉剂。在饮用水水源一级保护区内（自汲水点起算，上游 5000 米至下游 200 米的水域，河岸两侧纵深各 1000 米的范围中除去禁区范围的区域）禁止使用化学农药；在饮用水水源二级保护区内（自一级保护区上界起上溯 1 万米的水域，河岸两侧纵深各 500 米的陆域）禁止滥用化学农药。

（3）**施药方法要得当** 养鱼、蛙、蟹等的稻田常用的施药方法有以下 3 种：一是在施用农药前要将田水加深至 8 厘米以上，并不断注入新水，以保持水的流动再施药。二是放浅田水，让水面低于田面 5 厘米，把鱼、蛙、蟹等集中在暂养池后再施农药，等稻叶上的药液完全干后（施药后半小时左右）再放水进田，且水位要高于原水位。三是分段用药，将稻田分成两段，第 1 天将鱼、蛙、蟹等赶到排水口一边，给进水口一边水稻施药，第 2 天将鱼、蛙、蟹等赶到进水口一边，给排水口一边水稻施药。以上 3 种方式中，如果稻田里面鱼、蛙、蟹等数量偏多的，宜使用第 1 种施药方式；如果稻田里面鱼、蛙、蟹等数量偏少的，宜使用第 2 种施药方式。

施药时还必须要注意以下几点：一是使用粉剂农药要在清晨露水未干时施用，以减少农药落入水中。使用水剂、乳剂农药宜在傍晚（16：00 后，夏季高温宜在 17：00 以后）喷药，可减轻农药对鱼、蛙、蟹等的伤害。二是喷药要提倡细喷雾、弥雾，增加药液在稻株上的黏着力，减少农药淋到田水中。三是下雨或雷雨前不要喷洒农药，否则农药会被雨水冲刷进入田水中，防治效果既差，还容易导致鱼、蛙、蟹等中毒。

（4）**严格农药使用准则** 要严格按照农药的正常使用量和对鱼、蛙、蟹等的安全浓度，严格施药次数和休药期，严禁使用稻渔违禁药品。既要保障水稻生长安全，把病虫害损失降到最低程度，又要确保鱼、蛙、蟹等的安全。参照相关标准，结合成都市稻渔综合种养实际，推荐使用以下对口、高效、低毒、低残留的药品（表 3-2、表 3-3）。

（5）**轮换用药** 不要固定使用一种农药，要适时轮换以免产生病虫害的耐药性。比如，防治稻瘟病要稻瘟灵、托布津，三环唑和多菌灵轮换使用，防治纹枯病要多菌灵和井冈霉素轮换使用。尽量使用兼用型的农药，如多菌灵可以治疗立枯病，还可以兼治青枯病、稻瘟病、纹枯病等。

表3-2　稻渔综合种养模式下水稻病虫害防治农药使用表

农药品种	主要防治对象	施 药 量		喷施次数/次	休药期/天
		商品药量	兑水量/千克		
扑虱灵	稻飞虱、稻叶蝉	24～30克/亩	40～50	≤2	≥14
稻瘟灵	稻瘟病	24～30毫升/亩	60～75	≤2	≥30
叶枯灵	白叶枯病	300～400毫升/亩	60～75	≤2	≥30
龙克菌	白叶枯病	100～150克/亩	40～50	<3	≥7
多菌灵	稻瘟病、纹枯病	100～150毫升/亩	100	≤2	≥30
井冈霉素	纹枯病	100～150克/亩	75～100	2	不限
托布津	稻瘟病	50～75克/亩	40～50	≤3	≥15
Bt乳剂	三化、二化螟	100～350克/亩	50～60	<3	≥10
杀虫双	稻螟虫、纵卷叶虫、稻苞虫	200～300毫升/亩	50～60	2	≥30
三环唑	稻瘟病	75～100克/亩	40～50	2	≥30

注：最迟一次施药距离收水产品的时间都要在30天以上，这样食用时农药残留更低、更安全。

表3-3　水稻生产禁止或限制使用的农药种类

农药种类	名　　称	禁用原因
无机砷	砷酸钙、砷酸铅	高毒
有机砷	甲基胂酸锌、甲基胂酸铁铵、福美甲胂、福美胂	高残留
有机锡	三苯基醋酸锡、三苯基氯化锡、毒菌锡、氯化锡	高残留
有机汞	氯化乙基汞、乙酸苯汞	剧毒、高残留
有机杂环类	敌枯双	致畸
氟制剂	氟化钙、氟化钠、氟乙酸钠、氟乙酰胺、氟铝酸钠	剧毒、高毒、易药害
有机氯	DDT、六六六、林丹、艾氏剂、五氯酚钠、氯丹	高残留
卤代烷类	二溴乙烷、二溴氯丙烷	致癌、致畸

（续）

农 药 种 类	名　　　称	禁用原因
有机磷	甲拌磷、乙拌磷、甲胺磷、久效磷、甲基对硫磷、乙基对硫磷、氧化乐果、治螟磷、蝇毒磷、水胺硫磷、磷胺、内吸磷、毒死蜱与三唑磷（限用）	高毒或中毒
	稻瘟净、异稻瘟净	异臭味
氨基甲酸酯类	克百威（呋喃丹）、涕灭威	高毒
二甲基甲脒类	杀虫脒	致癌、致畸
拟除虫菊酯类	所有拟除虫菊酯类杀虫剂及复配产品	对鱼毒性大
苯基吡唑类	氟虫腈	对甲壳类水生生物具有高风险，降解慢
取代苯类	五氯硝基苯、五氯苯甲醇、苯菌灵	国外有致癌报道或二次药害
二苯醚类	除草醚、草枯醚	慢性毒性

3. 质量安全控制

（1）防治档案的建立 稻田药剂的使用应做如实记载，及时检查药剂使用情况及效果，并填好田间档案记载表（表3-4）。

表3-4　稻渔综合种养模式水稻病虫害防治田间药剂使用档案记载表

稻田区域		面积/亩		水稻品种	
序号	防治对象	施药日期	药剂名称及浓度	使用情况及效果	记载人
1					
2					
3					
⋮					

（2）回收与处理 农药及相关防控物质的包装材料、废弃物应回收后集中处理，避免污染传播。

第六节 稻谷收获与储存

一、稻谷收获

水稻收获必须达到成熟，从稻穗外部形态去看，谷粒全部变硬，穗轴上干下黄，有70%的枝梗已干枯，达到这3个指标，说明谷粒已经充实饱满，植株停止向谷粒输送养分，此时应及时抢收。此外，在易发生自然灾害（如冰雹，风害，水灾），或复种指数较高的地区，为抢时间，也可提前在九成熟时收获。收获时应注意两个问题：

1. 通常稻谷未完全成熟时不应收获

在未完全成熟时，穗下部的弱势籽粒灌浆不足，此时收获，势必造成减产；同时，青粒米及垩白粒等不完全粒的增多，还会造成稻米品质下降，特别是对蛋白质含量和适口性有较大的影响。适当延迟收获，可改善稻米品质和适口性。在完全熟期及时收获，可避免营养物质倒流造成的损失。

2. 水稻的收获时期不宜过迟

过迟收割，穗颈易折断，收获时易掉穗落粒，而且易倒伏，收割困难，米粒糠层较厚，米色变差，加工时碎米多，产量和品质下降。

二、稻谷储存应注意的问题

粮食入仓前一定要做好空仓消毒，空仓杀虫，完善仓房结构等工作，同时还应注意以下问题：

1. 控制水分

水分过大，容易发热霉变，不耐储存，因此稻谷的安全水分是安全储藏的根本，入库前应经过自然干燥。稻谷的安全水分标准，应根据品种、季节、地区、气候条件考虑决定，一般籼稻谷在13%以下，粳稻谷在14%以下。

2. 清除杂质

水稻中通常含有稗子、杂草、穗梗、叶片、糠灰等杂质及瘪粒，这些物质中有机质含水量高、吸湿性强、载菌多、呼吸强度大、极不稳定，而糠灰等杂质又使粮堆孔隙度减少，湿热积集在堆内不易撒去，这些都是储藏不安全的因素。因此，入库前必须把杂质含量降低到0.5%以下，这样可以大大提高储藏稳定性。

3. 适时通风

新收获的水稻往往呼吸旺盛，粮温较高或水分较高，应适时通风。特别是一到秋凉，粮堆内外温差大，这时更应加强通风，结合深翻粮面散发粮堆湿热，以防结霉，有条件的可以采用机械通风。

4. 低温密闭

充分利用冬季寒冷干燥的天气通风，使粮温降低到10℃以下，水分降低到安全标准以内，在春暖以前进行压盖密闭，以便度夏。

第三章

 **鲫鱼稻田养殖技术**

鲤鱼、鲫鱼、草鱼等鲤科鱼类是广大消费群众所喜爱的水产品种类，因其食性广泛、饲料来源丰富、适应性强、生长迅速、产量高等优点，非常适合稻渔综合种养。本章以鲫鱼为例介绍相关的稻渔综合种养技术。

适合稻渔综合种养的品种

鲫鱼简称鲫，俗名鲫瓜子、月鲫仔、土鲫、细头、鲋鱼、寒鲋、喜头、鲫壳、河鲫，常见于欧亚地区，为常见淡水鱼，属于辐鳍亚纲，鲤形目，鲤科，鲫属。

鲫鱼是主要以植物为食的杂食性鱼，喜群集而行，择食而居。鲫鱼肉质细嫩，营养价值很高，每百克肉含蛋白质 13 克、脂肪 11 克，并含有大量的钙、磷、铁等矿物质。鲫鱼药用价值极高，其性平味甘，入胃、肾，具有和中补虚、除羸、温胃进食、补中益气的功效。鲫鱼分布广泛，全国各地水域长年均有生产，以 8～12 月的鲫鱼最为肥美，为我国重要食用鱼类之一。

第一节 生物学特性

一、形态特征

鲫鱼形体黑胖（也有少数呈白色），肚腹中大而脊隆起，大的可达 0.5～1 千克重。体长 15～20 厘米，呈流线形（也称梭形），体高而侧扁，前半部弧形，背部轮廓隆起，尾柄宽；腹部圆形，无肉棱；头短小，吻钝，无须，鳃丝细长；下咽齿一行，呈扁片形，鳞片大，侧线微弯，背鳍长，外缘较平直；鳃耙细长，呈针状，排列紧密，鳃耙数为 100～200；背鳍、臀鳍第三根硬刺较强，后缘有锯齿；胸鳍末端可达腹鳍起点，尾鳍深叉形；体背银灰色而略带黄色光泽，腹部银白而略带黄色，各鳍灰白色（彩图 9）。

二、生活习性

鲫鱼是生活在淡水中的杂食性鱼类，体态丰腴，在水中穿梭游动的姿态优美。鲫鱼属于底层鱼类，一般情况下，都在底层水中游动、觅食、栖息，但气温、水温较高情况下，也会到水的中下层、中上层游动和觅食。

鲫鱼成鱼主要以植物性食料为主。维管束水草的茎、叶、芽和果实等都是鲫鱼爱食之物，在生有菱和藕等高等水生植物的水域，鲫鱼能获得各种丰富的营养物质。鲫鱼喜食水中硅藻和一些丝状藻类，也爱摄食小虾、蚯蚓、幼螺、昆虫等。

三、繁殖习性

鲫鱼既能在河溪、湖泊中产卵，也可在池塘中产卵；既能自然繁殖，也可人工催产。1 冬龄（12 个月）的鲫鱼，即可达到性成熟。雌性性成熟个体体重在 170 克以上，成熟系数为 14.8%，即每 100 克鱼体重含有 14.8 克卵巢，相对怀卵量为 151 粒/克鱼体重，进入越冬期时，卵巢发育至Ⅲ~Ⅵ期初。雄性性成熟个体体重比雌性个体要小，其性成熟系数为 4.3%~4.67%，进入越冬期时，精巢可发育至Ⅵ期，性成熟时间较雌鱼早 1~2 个月。

在鲫鱼自然群体中，雌、雄性比为（10~12）:1。鲫鱼产黏性端黄卵，属于多次性产卵类型，卵粒为单精虫受精。产出的卵一经与水接触即产生黏性，并吸水膨胀，凭借卵膜的黏性黏附在水草或水面悬浮物上，刚产出的卵卵径在 1 毫米左右，吸水膨胀后卵径为 5 毫米。受精卵无色透明，未受精的卵呈乳白色，不久即自融解体。

当水温在 18~20℃时，从受精到孵化出膜约需 53 小时；当孵化水温在 16~17℃时，孵化时间约需 143 小时。刚孵化出的仔鱼尾部先出膜，出膜仔鱼全长约 3 毫米，常附在原处，间歇地做摇摆式游泳，并开始摄食，从孵出到水平游动所需时间大约 50 小时。每年的 3~7 月为鲫鱼的繁殖期，4 月为繁殖盛期。

第二节　稻田选择

鲫鱼稻田养殖宜选择环境安静，交通方便，开阔向阳，光照充足，土壤保水力强，水源条件好，田块平整，进排水方便，适宜水生动物生长的稻田。田内水体溶氧量 24 小时内应不低于 4 毫克/升，pH 为 6~8.5。

提示

稻田最好是规模连片，每一田块大小一致，面积以 5~30 亩为宜。

第三节 田间工程

田间工程改造要因地制宜，以机械挖方为主，人工修整为辅，主要是开挖环沟、暂养池，安放进排水管，修建鱼道涵洞。在改造过程中，田埂要夯实不漏水，整个环沟和暂养池面积占整块田面积的8%~10%。

一、开挖环沟

参照第二章。

二、开挖暂养池

参照第二章，有条件的可按照10~20亩稻田配套1亩池塘作为暂养池。

三、安放进排水设施

参照第二章。

四、修建鱼道涵洞

参照第二章。

五、配套设施

1. 防逃设施

参照第二章。

在多雨季节，要经常检查防逃设施，如有漏洞及时修补，避免田鱼外逃。

2. 安装拦鱼栅

参照第二章。进水口设施如图4-1所示。

在稻田进水口一定要用细网封口，杜绝野杂鱼和受精卵进入田块。

3. 搭建食台

参照第二章。

4. 其他配套设施

稻田养殖还必须配备抽水机、水泵，准备养殖用鱼筛、渔网等，建造看管用房等生产生活配套设施。

图 4-1　进水口设施

第四节　苗种放养

一、前期准备

鱼种放养前，对环沟按每立方米水体用生石灰 100 克或漂白粉 10 克清塘，兑水均匀泼洒，7～10 天后试水放鱼。

二、苗种投放

1. 鱼种消毒

鱼种消毒方法可灵活掌握。可以先运输后消毒，方法是在运输车到达池边后，在运输容器中加入浸浴药物，按要求时间浸浴，浸浴后卸鱼。也可在鱼种过数后，另设容器浸浴。如果运输时间很短，仅 15～20 分钟，也可在过数或运输过程中浸浴。

鱼种消毒注意事项如下。

1）不论用哪种渔药都要随配随用。

2）用药量要准确，不要随意加大药液浓度或延长浸洗时间。

3）要用木制或塑料桶盆配制药液，不宜用金属容器。

4）配药水要求水质清新、无毒无害、含有机物质少、溶氧量高。

5）鱼种消毒时必须要有人守护，并注意观察，发现鱼种"浮头"、窜游或翻肚等异常情况时，要立即捞鱼下塘，以免死鱼。

6）配制的药液可循环使用 3～5 次，妥善处理消毒后的药液，切勿倒入稻田或池塘中。

2. 鱼种投放密度

50～100克/尾规格的鲫鱼每亩可放300～400尾，搭配放养250～500克/尾的草鱼10尾、鲢鱼和鳙鱼共10尾。要求鲫鱼鱼种、草鱼鱼种、鲢鱼鱼种、鳙鱼鱼种规格整齐均匀、体表光滑、体壮活泼、鳞鳍完整、无伤、无病。

3. 鱼种投放时间

鱼种于秧苗返青后放入大田中（图4-2）。

图4-2　鱼种投放

种苗投放
注意要点

注意

　　苗种投放初期要控制好水位并及时增投饲料，避免让草鱼鱼种到田块中啃食秧苗。

4. 平衡温差

鱼是变温动物，其体温随水温变化而变化，鱼种消毒要求温差不超过3℃，若超过3℃，要进行调温处理。用充氧袋运输的鱼苗，可将充氧袋放入环沟中10～30分钟，待水温调节好后再放养，放养要细致、快速、不伤鱼体。

第五节　饲养管理

一、日常管理

俗话说稻田养鱼，"三分技术、七分管理"，稻田养鱼日常管理工作的好坏是养鱼成败的关键，要防止重放养轻管理的倾向。稻田养鱼的日常管理主要有以下几项工作。

1. 坚持巡田

坚持早晚巡田。清晨观察鱼类是否"浮头"、活动生长是否正常，傍晚检查吃食情况。检查田埂有无坍漏，进出水口是否通畅，如有问题要及时修复。

2. 清理环沟、暂养池

环沟、暂养池是鱼的主要活动场所，一段时间后容易淤积，要清理环沟和暂养池中的淤泥，捞取草渣残饵，确保畅通无阻；翻耕插稻时要严防泥浆回流鱼坑中。

 注意 浮萍不要覆盖环沟水面的一半，过多时必须人工及时打捞，否则容易引起鱼类缺氧。

3. 调节水位

正确处理水稻浅灌与养鱼之间的矛盾。根据水稻不同生长阶段的特点，适时调节水位。插秧后到分蘖后期水深以 6 ~ 8 厘米为宜，以利于秧苗扎根、还青、发根和分蘖，这时鱼体小，可以浅灌；中期正值水稻孕穗，需要大量水分，应使田水逐渐加深到 15 ~ 16 厘米，这时鱼渐长大，游动强度加大，食量增加，加深水位有利于鱼生长；晚期水稻抽穗灌浆成熟，要经常调整水位，一般应保持 10 厘米左右。

4. 防洪抗旱

干旱时要注意蓄水保水，节约用水；雨季来临时要做好准备，防止田水满溢逃鱼，保持进排水渠道通畅。

5. 正确处理农田施肥、施农药与养鱼的关系

严格掌握施肥、用药的种类、方法、数量和时间，处理好施肥、施药与养鱼的关系。

6. 合理投饲

坚持"四定三看"原则。看天：晴天多投，阴雨天少投，天气骤变和阵雨时不投。看水：清淡多投，肥浓少投，恶变不投。看鱼：活动正常食欲旺盛，不"浮头"时应多投，反之则少投。四定：定位、定量、定时、定质。选用优质饲料，确保鱼类生长所需的营养要求，以利于鱼类健康生长。

7. 防逃检查

勤巡田，注重检查防逃网有无漏洞，田埂有无漏洞或坍塌，若有则及时堵塞或修补。定期疏通环沟内的杂物，确保环沟沟沟相通，田鱼能在环沟间自由活动。

8. 防御敌害

稻田养鱼有鸟、鼠、蛇、水生昆虫等多种敌害，对鱼危害极大，要及时做好敌害防御、清除工作。

二、饲料管理

1. "四定"原则

为了使鱼吃好吃饱，生长迅速，降低饲料系数，投饲必须坚持"四定"原则。

定时：在正常情况下，每天投饲时间要相对固定，从而使鱼养成按时摄食习惯。

定质：饲料要新鲜、卫生，不霉烂变质，以免发生疾病及其他不良影响。

定位：投喂的饲料要有固定食场，使鱼养成在固定地点摄食的习惯。

定量：投喂的饲料要适量，防止过多或过少，以免影响消化和生长。投饲数量受多种因素影响，如天气、水温等情况。

2. 鱼类饲养

（1）养鱼饲料

1）配合颗粒饲料：颗粒直径为 1.5～3 毫米，粗蛋白质含量不低于30%。

2）农家饲料：蚕蛹、菜籽饼、米糠、麦麸、豆渣、酱糟、酒糟等。

3）青饲料：浮萍、芜萍、水草、旱草、豆叶、菜叶、苕藤等。

（2）饲料投喂量 投喂量以 0.5～1 小时内吃完为宜，一般为田内鱼种总体重的 2%～5%。投料时不要让鱼吃得过饱，以八分饱为好，一则可保持鱼食欲旺盛，二则可减少饲料浪费，节约成本，又减少对水质污染。八分饱可做两种情况解读：一是80%鱼吃饱，20%鱼未吃饱；二是每种鱼都吃到八分饱。

（3）投饲技术

1）人工手抛法：手抛法的好处是可直感鱼活动情况，出现问题及时解决；缺点是投料不匀，影响鱼摄食效果，而且花费时间多。手抛时要尽量抛匀，按"慢、快、慢"要求进行投料，即开始时少投料，当鱼集中来抢食时要投快些，后期鱼来摄食数量少了，要慢投料。

2）食台投饵：此法节省时间，但鱼活动情况不直感，只能根据饲料消耗量来判断。稻田养鱼水浅可将饲料直接投放在环沟里，或者在暂养池与环沟交界处暂养池一侧的水下设食台，用于投放饲料。食台多少视养鱼面积而定。食台分沉性、浮性两种，沉性食台以水下 50～60 厘米为宜，浮性食台用 PVC 管搭建，投放饲料和水草，供鲫鱼和草鱼食用，以免饲料到处飘散，影响鱼类正常摄食。

三、水质管理

1. 加深田水

水是养鱼的基本条件之一。田水浅不但影响鱼种放养量，降低产量，而且容易受水鸟等敌害侵袭。因此，要防止田水过浅，影响养殖效益。俗话说深水养大鱼，有条件的稻田可将水位保持在 1.3 米以上，以利于鱼类生长，但要从当地实际出发，能深则深。

2. 调节水质

保持水质"肥、活、嫩、爽"。如水质过老，要及时更换新水；水质过清瘦，每亩可施发酵有机肥 50～100 千克，以改善水质。此外，还要不定期施生石灰，一般每亩水面每次用量为 10～15 千克，泼洒环沟，调节水质。同时，定期用光合细菌、EM 菌等微生态制剂改善水质，效果更佳。

第六节 疾病防治

一、疾病预防

稻田养鱼，稻田水质清新、溶氧量高、病原体少，且鱼种放养密度较低，鱼类主要摄食天然饵料，鱼体抵抗力强，鱼病一般发生较少。但近几年来，由于放养密度逐渐加大，管理技术滞后，再加上周围环境变化，稻田养鱼鱼的患病率在增高。

鱼病防治，以防为主，防重于治。预防鱼病要做好以下几项工作。

1. 消毒做到 5 个环节

（1）大田消毒 水稻栽种和鱼种放养前要进行清整消毒，特别是多年养鱼的冷水田、烂泥田。清整消毒最好用生石灰，既可以杀灭细菌、寄生虫等病原体，还可起到调节水质、改良土壤的作用。使用方法：干田亩（环沟面积）用生石灰30~50千克，兑水溶化后趁热泼洒。

（2）鱼种消毒　鱼种放养前，要用药物消毒，杀灭鱼体表的病菌和寄生虫。

（3）食场消毒　食场是鱼类吃食的地方，残饵和鱼的排泄物较多，病虫害容易滋生，要经常打扫干净，消灭病菌。每隔7~10天用漂白粉125克，兑水10~12千克溶化后，均匀泼洒食台。如果食台设在暂养池内，可在食场边进行药物挂袋预防。具体方法是：在毛竹架上装2~3个布袋，每袋装漂白粉100克，一半浸在水中，连挂3天，每天换药1次；袋装硫酸铜、硫酸亚铁合剂，每月1~2次，可预防中华鳋、车轮虫、隐鞭虫等寄生虫，用量为每袋装硫酸铜100克、硫酸亚铁40克，每天换1次，一星期3次；用中草药浸挂效果也不错，常用中草药有青松针、枫树叶、苦楝树叶、乌桕叶等，每月在食场浸挂1~2次，对预防锚头鳋、车轮虫、烂鳃等有效果，药要新鲜，浸水5~6天后要取出。

（4）饲料、肥料消毒

1）青饲料消毒。如果青饲料比较肮脏，可在漂白粉溶液中浸20~30分钟捞出喂鱼，漂白粉溶液含量为每立方米水体中加入6克漂白粉。

2）菜籽饼脱毒。可进行简单脱毒处理，如在清水中浸10小时，捞出与麦麸混合喂鱼；如果用热水浸泡，时间可缩短些，两种方法自定。

3）粪肥消毒。稻田施有机肥以发酵后为好，每500千克粪肥掺漂白粉50~100克搅拌均匀施入，可预防病菌带入。

（5）工具消毒　用过的渔网等捞鱼工具经常在太阳光下曝晒，也可用5%盐水浸泡0.5小时消毒。

2. 鱼病流行季节预防

一年中5~6月、8~9月是鱼病流行的两个高峰期。预防鱼病应重点抓好3项工作。

（1）全田泼洒药物　每立方米水体用90%晶体敌百虫0.5克可杀灭锚头鳋、中华鳋、三代虫等，用硫酸铜0.5克加硫酸亚铁0.2克，可杀灭车轮虫。也可用专杀车轮虫的灭虫药。

（2）投药饵　预防肠炎，每100千克鱼可用大蒜0.5千克，先捣碎加盐200克，拌麦麸、面粉投喂；也可用铁苋菜、水辣蓼做成药饵，每100千克鱼用干药0.5千克，先把药磨成粉与面粉混合后用热水调成糊，拌在切碎的青草或浮萍上晾干投喂，每天1次，每3天为1个疗程。

（3）生态防病　任何生物的生存都需要一定的生态条件，鱼病的发生和发展也与生活环境密切相关。若环境条件好，适合鱼生存，病原体处于无能状态；若环境差，鱼抗病能力降低，病原体趁机侵袭，鱼类患病。草鱼喜欢清水，在肥水中容易生病，而鲢鱼、鳙鱼喜欢肥水，因此鱼类混养时就要掌握好鱼类特点，使草鱼、鲢鱼、鳙鱼都能适应环境，这就需要用生态防病方法解决。随着科技发展进步，用于改善鱼水体环境的微生物制剂不断出现，如光合细菌、有益微生物 EM 菌、利生素、芽孢杆菌等，均可作为水质改良剂，降低水中氨氮、亚硝酸盐等有害物质，起到调节水质的作用。

二、疾病治疗

1. 赤皮病

（1）病原、病因 病原为荧光假单胞菌，在捕捞、运输、放养过程中鱼体受机械损伤或冻伤，或体表被寄生虫寄生时，病原菌才能乘虚而入，引起发病。

（2）症状特征 病鱼行动缓慢，反应迟钝，衰弱，离群独游于水面。体表局部或大部分出血、发炎，鳞片脱落，特别是鱼体两侧和腹部最为明显。鳍充血，尾部烂掉，形成蛀鳍。鱼的上、下颌及鳃盖部分充血，呈块状红斑。

（3）流行特点 本病一年四季都有流行，在鳞片脱落和鳍条腐烂处，往往出现水霉寄生，加重病势，发病几天后就死亡。

（4）防治方法

1）氟苯尼考：一次量，每千克鱼体重 40～80 毫克，拌饲投喂，每天 1 次，连用 3～5 天。

2）8% 溴氯海因：一次量，每立方米水体 0.5～0.6 克，兑水全田泼洒。

2. 细菌性烂鳃病

（1）病原、病因 病原为柱状纤维黏细菌、黏液球菌等，鲫鱼感染本病后，独自在池边或浮于水面慢慢游动，病情严重时，离群独游，不吃食，对外界刺激失去反应。

（2）症状特征 病鱼行动缓慢，反应迟钝，体色变黑，尤其头部颜色更暗，鳃盖骨的内表皮往往充血发炎、腐烂，形成一个圆形的不规则小区，俗称"开天窗"。鳃丝腐烂，带有污泥，黏液增多，鳃丝肿胀，严重时鳃丝溃烂缺损。

（3）流行特点　本病从鱼种至成鱼均受害。水温在15℃以上时开始发病，在水温为15～30℃范围内，水温越高，越容易暴发流行，致死的时间也短，一般流行于4～10月。

（4）防治方法

1）卡那霉素：一次量为每千克鱼体重10～30毫克，拌饲料投喂，每天1次，连用3～5天。

2）8%二氧化氯：一次量为每立方米水体0.1～0.3克，全田泼洒，重症可连用2～3天。

3. 细菌性败血症

（1）病原、病因　本病由嗜水气单胞菌、温和气单胞菌、鲁克氏耶尔森氏菌等细菌感染引起，别名为淡水鱼类暴发性流行病、出血病等。

（2）症状特征　病鱼上下颌、口腔、鳃盖、眼睛、鳍基及鱼体两侧体表严重充血以致出血，眼眶周围也充血，尤以鲢鱼、鳙鱼为甚，眼球凸出；肛门红肿，腹部膨大，腹腔内积有浅黄色透明或红色混浊腹水；肝脏、脾脏、肾脏肿大，脾脏呈紫黑色，胆囊肿大；肠黏膜、腹壁及肠壁充血，肠腔内积有大量液体或有气体。

（3）流行特点　本病主要危害鲫鱼、鲢鱼、鳙鱼、鲤鱼及小量草鱼等，从夏花鱼种到成鱼均可感染。流行时间为3～11月，高峰期为5～9月，水温为9～36℃时均有流行，尤以水温持续在25℃以上时严重。

（4）防治方法

1）漂白粉：一次量为每立方米水体1克，全田泼洒。

2）8%二氧化氯：一次量为每立方米水体0.1～0.3克，全田泼洒。

3）鱼病康：一次量为每千克鱼体重4克，拌饲料投喂，每天1次，连用3～5天。

4）止血宁：一次量为每千克鱼体重0.6克，或每千克饲料12克，拌饲料投喂，每天1次，连用3天。

4. 车轮虫病

（1）病原、病因　病原为车轮虫和小车轮虫。寄生于鱼体表的车轮虫在鱼体表来回滑动，剥取宿主皮肤组织细胞和鳃组织营养，破坏皮肤和鳃组织，影响鱼的呼吸和正常活动。

（2）症状特征　被车轮虫寄生的病鱼表现为鱼体发黑，离群独游，鳃盖边缘和鳃缝间鳃丝失血，严重时局部溃烂，呈灰黄色，以致鳃骨外露，鱼体呼吸困难，停止摄食，最终窒息死亡。

（3）**流行特点**　主要危害多种鱼类的鱼苗、鱼种阶段，流行的高峰期为5~8月，水温为20~28℃。

（4）**防治方法**

1）硫酸铜和硫酸亚铁：一次量分别为每立方米水体0.5克和0.2克，配制成合剂后全田泼洒。

2）车轮净：一次量为每立方米水体0.5~1.0克，全田泼洒。

5. 小瓜虫病

（1）**病原**　病原为多子小瓜虫。

（2）**症状特征**　寄生在鱼皮肤、鳃和鳍条上，严重时，病鱼皮肤、鳍和鳃瓣上布满白色点状囊泡。鱼体覆盖一层白色薄膜。继发细菌感染后，鱼体体表发炎，局部坏死，鳞片易于脱落，鳍条腐烂，开裂。鳃组织由于有大量寄生，引起坏死，黏液增多，影响呼吸，病鱼表现为食欲减退、消瘦、游动缓慢，呼吸困难而死亡。

（3）**流行特点**　本病全国各地均有流行，各种淡水鱼类均易感染，主要危害鱼苗、鱼种，流行水温为15~25℃，当水温在10℃以下或25℃以上时不发病，故流行季节为初冬和春末。

（4）**防治方法**

1）辣椒粉和生姜：一次量分别为每立方米水体0.8~1.2克和1.5~2.2克，加水煮沸30分钟后，连渣带汁全田泼洒，1天1次，连用3~4天。

2）瓜虫净：一次量为每立方米水体0.37~0.75克，全田泼洒一次。

6. 锚头鳋病

（1）**病原**　病原为锚头鳋，别名为针虫病、铁锚虫病、蓑衣虫病。

（2）**症状特征**　锚头鳋以头胸部插入寄主的肌肉里或鳞下，胸腹部则裸露于鱼体之外。在寄生部位，肉眼可看到针状的病原体。发病初期，鱼急躁不安，食欲减退，继而体质逐渐消瘦，游动迟缓，直至死亡。

（3）**流行特点**　锚头鳋病是一种世界性的寄生虫病，流行很广，全国各地都有发生。锚头鳋在水温12~33℃都可以繁殖，高发季节为4~11月，秋季较严重。

（4）**防治方法**

1）灭虫精（溴氰菊酯溶液）：一次量为每立方米水体0.015~0.03克，全田泼洒1次。

2）马尾松针叶：一次量为每立方米水体375克，捣碎浸出汁液，全田泼洒1次；或用新鲜带叶松枝，一次量为每立方米水体115克，扎成数捆放于大田中浸沤。

3）0.5%阿维菌素溶液：一次量为每立方米水体0.03～0.05毫升，全田泼洒，每天1次，连用2天。

第七节　成鱼收获

收获的时间根据实际情况而定，成鱼一般在收割稻谷时就可上市。收获前先疏通环沟，缓缓放水，让鱼慢慢游到暂养池中，待暂养池水位降到一定的深度时，再用小网起捕。

若捕捞在水稻收割前进行，为了便于把鱼捕捞干净，又不影响水稻生长，可进行排水捕捞。在排水前要疏通环沟，然后慢慢放水，让鱼自动进入环沟随着水流排出而捕获，如一次捕不干净，可重新灌水，再重复捕捞一次；也可结合休闲旅游活动进行垂钓捕获。

有条件的地方可以田塘结合，将起捕后的成鱼集中到池塘中，要求8～10亩稻田搭配1口池塘。如果稻田地势落差大的地方，收获时可将地势低的稻田加深水作为成鱼集中饲养的池塘，这样可避免成鱼集中上市。

第八节　鲫鱼稻田养殖高产高效实例介绍

四川省成都市崇州市瑞宏家庭农场按照成都市稻渔综合种养技术，2016年开展了50亩稻田养殖鲫鱼，平均亩产量在80～100千克，经济效益相比水稻种植效益提高了3倍以上。现将崇州市鲫鱼稻田养殖技术要点总结如下。

一、选择适宜的稻田

选择土壤保水力强、水源条件好、平整、向阳、进排水方便，适宜稻作生长的田块。

二、鲫鱼稻田养殖的田间工程

1. 田间改造

以机械挖方为主，人工修整为辅助，主要是修建环沟和暂养池，整个环沟和暂养池面积占整块田面积的8%～10%，田埂夯实不漏水。

（1）环沟　紧挨田埂在田内挖一条宽1.5～2米的环沟，环沟约占整块田面积的7%，主要分两部分。其中，紧挨田埂0.4～0.5米要与田面保持同一平面，作为土埂护坡区；环沟深度为 1.2 ~ 1.5 米，环沟底部宽度在 1 米以上，作为养殖区。环沟截面为梯形，上宽下窄，边坡适度并夯实，所挖泥土用于加高加固四周田埂，预计加高 0.5 ~ 0.6 米。

（2）暂养池　长 4 ~ 6 米，宽 3 ~ 5 米，深 1.5 ~ 2 米。

2. 进排水设施安装

进排水口均采用 PPR 管，排水管呈"L"形，一头埋于田块底部，另一头可取下，利用田内水压调节水位，进排水设施均需做好防逃网。

三、高产养殖技术要点

1. 鲫鱼苗选择

投放稻田的鲫鱼苗 50 克/尾，鲫鱼苗要求活动自如、体质鲜明、全身光滑、规格一致、健康无病。

2. 放苗准备

放苗前用生石灰（用量为 75 千克/亩）对池塘带浅水消毒，3 天后注入适量的池水，每亩用 200 千克有机肥培育水质，直至池水呈浅茶绿色，投放鲫鱼苗。

3. 养殖模式

鲫鱼稻田养殖模式以鲫鱼为主，另外搭配草鱼、鲢鱼、鳙鱼，一年养一季。

4. 投放密度

鲫鱼投放密度为 400 尾/亩，搭配放养尾重为 400 ~ 500 克的草鱼 10 尾，鲢鱼和鳙鱼共 10 尾。

四、日常管理

1. 调节水质

水色以青绿色或油绿色为佳，透明度保持 25 ~ 30 厘米为宜。水质变坏呈黑、白、灰色时，需要换注新水，重新施肥培育水质。可用微生物制剂调节水质，在水体消毒 2 ~ 3 天后施用芽孢杆菌或者光合细菌，培养水体藻相。

2. 饲料投喂

投喂配合颗粒饲料：颗粒直径为 0.5 ~ 3 毫米，粗蛋白质含量≥28%。饲料每天投 1 ~ 2 次，第一次在 7：00 ~ 9：00，第二次在 15：00 ~ 17：00 为好。投喂量以 1 ~ 2 小时内吃完为宜，一般为田内鱼种总体重的 2% ~ 5%。

3. 病害防治

1）坚持"预防为主，防治结合"的原则。

2）鱼病发生时要及时对田水消毒，并投喂药饵进行治疗。

3）提倡用中草药防病治病。

五、效益

一年单季养殖每亩纯收益1580元，50亩总收益为79000元，详情见表4-1。

表4-1　鲫鱼稻田养殖效益实例（亩均效益）

类别	成本/元							收获			纯收入/元
	苗种	饲料	鱼药	微生态制剂	工资	地租	水电等	亩产/千克	单价/（元/千克）	产值/元	
鲫鱼	360							85	24	2040	
草鱼	80	350	50	100	100	600	20	10	20	200	680
鲢鱼和鳙鱼	60							10	16	160	
水稻				1100				500	4	2000	900
总收入											1580

第五章 罗非鱼稻田养殖技术

罗非鱼俗称非洲鲫鱼、福寿鱼、南洋鲫等，原产于非洲，由于其具有生长迅速、肉质鲜嫩、富含蛋白质和多种不饱和脂肪酸等优点，被联合国粮食及农业组织（FAO）于1976年选为向全世界推广养殖的优良品种之一。近几十年来，罗非鱼养殖业在我国发展非常迅速，已成为我国水产业中效益较好的产业之一，产量连续多年居于世界首位，而且还在逐年递增。罗非鱼成鱼养殖在我国大部分地区都有发展，但主要还是集中在广东、广西、海南、云南、福建等地，养殖的品种有莫桑比克罗非鱼、尼罗罗非鱼、奥里亚罗非鱼、吉富罗非鱼、奥尼罗非鱼、红罗非鱼等。罗非鱼养殖方式较多，主要有池塘养殖、网箱养殖、流水养殖、滩涂养殖等。随着近年来全国范围内稻渔综合种养的兴起，稻田养殖成为水产品生态养殖的重要方式，而罗非鱼食性杂、耐低氧、易成活的特点使其能很快适应稻田环境，再加上罗非鱼生长迅速，能在水稻栽种至收割的短时间内达到上市规格，因而成了稻渔综合种养的热门水产品种之一。

第一节 生物学特性

一、形态特征

罗非鱼通常是指罗非鱼属的鱼类，在分类上属于脊索动物门，脊椎动物亚门，鱼纲，鲈形目，鲷鱼科，罗非鱼属。其口前位，口裂宽，下颌稍长于上颌；体侧扁而高，与鲫鱼相似，鳍条多棘，与鳜鱼相似，臀鳍具三棘，尾鳍平截或呈圆扁形；侧线中断，体被栉鳞；体色有多种颜色，常见有黑色、蓝黑色、墨绿色、红色、深灰色等（彩图10）。

二、生活习性

罗非鱼对环境的适应性很强，是广盐性鱼类，在海水和淡水中均能生活，一般栖息于水体下层，但随着水温的变化而改变栖息水层。罗非鱼的生长温度范围为16~40℃，最适温度为25~35℃，不同品种之间有一定差异，如尼罗罗非鱼最适水温为25~35℃，莫桑比克罗非鱼最适水温为25~33℃，但当水温低于10℃或高于42℃时，各品种的罗非鱼均不能存活。

罗非鱼对水体中溶解氧的要求不高，耐低氧能力很强，窒息点溶氧量为0.3毫克/升，在温度较低的情况下，当水体中溶氧量下降到0.5毫克/升时，罗非鱼还可通过停止运动并调节呼吸频率来适应水体中的低溶解氧环境，忍耐近10个小时，直至水体中溶氧量下降至0.3毫克/升时才死亡。罗非鱼能正常生存的水体中溶氧量至少为1.5毫克/升，但生长受影响，当水体中溶氧量高于3毫克/升时，罗非鱼可正常生长。

三、食性和生长

罗非鱼食性很广，摄食量大，野生状态下的幼鱼以浮游动物为主要饲料，随着个体增大，逐渐转为杂食性，但主要以植物为主，包括浮游植物、藻类、有机碎屑、水生植物的幼嫩部分等，也能摄食蚯蚓、小虾、底栖的水生动物、水生昆虫等。在人工养殖状态下，罗非鱼能大量摄食商品饲料，包括配合饲料、玉米、米糠、麦麸、豆饼等。

罗非鱼的生长速度较快，但同其他鱼类一样，也受水体环境、温度、饲料、养殖密度等多种因素的影响。在放养密度适度、饲料充足、水温为25~32℃、溶氧量在3毫克/升以上的条件下，罗非鱼生长迅速，当年鱼种即可达1千克/尾。

四、繁殖习性

罗非鱼性成熟较快，在合适的条件下，6个月即可性成熟。性成熟的雌鱼生殖口红润下垂，雄鱼体被明显的婚姻色，一般为红色或深紫色。体重200克左右的雌鱼，怀卵量为1000~1500粒，产卵时一次排完，每年可产卵3~4次。当水温达到20~32℃时，性成熟的雄鱼在池底掘地筑巢，巢穴呈盆状，一般直径为30~40厘米，深15~30厘米。巢筑好后，雄鱼在周围守候，遇到雌鱼即游出拦截，围绕雌鱼做回旋运动，并用头部碰触雌鱼腹部进行求偶，雌鱼受引诱入巢后，将卵产出含在口中，雄鱼同时排出精子，随水流入雌鱼口中使卵子受精。受精卵在雌鱼口腔内发育，经3~5天可孵出幼鱼。刚孵出的幼鱼在雌鱼口腔内活动，有时被吐出口外，有危险时又迅速被吸入口中躲避。经 10～15 天发育，幼鱼将卵黄囊消化完毕，进入外源性营养阶段后离开母体开始独立生活。

第二节 田间工程

　　虽然罗非鱼对环境适应能力非常强，能够在多种稻田环境中生存，但为了能达到高产高效的目标，必须对田间工程进行适当改造。应选择相对集中连片、水源充足、排灌方便、无旱涝危险的田块进行平整，田块形状及面积因地制宜，尽量改造为规则形状，弯埂改直，小田改大，丘陵地区坡地可用推土机推成台地。具体可参照本书第二章第一节。

　　注意　稻田挖沟时应根据水流方向开挖，利于排洪。

第三节 苗种放养

一、前期准备

　　鱼种放养前 15～20 天，必须对整个环沟及田块进行消毒，一般用生石灰按照每亩 20～30 千克的用量兑水后全田泼洒，以杀灭沟内的敌害生物和致病菌，防止疾病发生。消毒后于放养鱼种前 4～5 天按照有机肥 300～400 千克/亩或腐熟粪肥 400～600 千克/亩的用量施用底肥，培肥水质，使鱼种下田后即有充足的天然饵料，提高成活率。

二、苗种来源

　　如是外购苗种，要选择正规厂家生产并经过检疫的规格苗种。如是当年人工繁殖，则应提前进行，以便将水花培育成合适的规格。如是采用去年的苗种，则应做好鱼种越冬的工作。

　　提示　由于罗非鱼性成熟早，而性腺发育会减缓生长，因此在生产上多选用全雄罗非鱼，不仅能提高产量，还能有效防止过度繁殖。

第五章

三、人工繁殖

开春后，选择体质健壮、活力充沛、无伤无病的罗非鱼亲鱼从越冬池移入亲鱼池进行强化培育，按鱼体重 5% 的日投喂量投喂麦麸、豆饼和人工配合饲料，同时定期补充菜叶、浮萍等青饲料。待亲鱼成熟度达到要求后，将雌鱼从池中捞起，以人工挤卵授精的方式将鱼卵收集在盆中，然后将雄鱼的精液均匀涂抹在上面，兑入适量清水搅拌均匀，反复 1～2 次，使卵充分受精，待受精卵卵膜膨胀后，转入孵化池中孵化。

受精卵进入孵化池后 3～5 天即可孵出幼鱼，在此期间要随时观察水体的温度和溶解氧，保持水温为 26～28℃，同时将死卵及卵皮、代谢物等捡出，保证水质清洁。另外还应注意，如果孵化池内有其他鱼类的幼鱼，必须立刻清除，以免这些幼鱼摄食罗非鱼的卵及刚孵出的幼鱼。

四、自然繁殖

当水温稳定在 20℃ 以上时，将亲鱼从越冬池移入繁殖池，雌雄比例为 3∶1 或 4∶1，放养密度为 300～400 尾/亩。参照人工繁殖的方法培育亲鱼，待其自然配对产卵孵化，期间保持水质清洁，溶氧量充足，温度适宜即可。

提示

如何辨别雌雄？

1）处于生殖期的雄鱼颜色较雌鱼更为鲜艳，尤其是头部、尾部和背部。

2）雌鱼腹部下方有 3 个孔（肛门、生殖孔、泌尿孔），而雄鱼只有 2 个孔。

五、苗种培育

罗非鱼幼鱼孵出约 15 天后，卵黄囊消失，进入外源性营养阶段，此时可将幼鱼转入苗种培育池进行培育。可选择面积较小的池塘，但要求池壁光滑，池底平坦，水源充足，水深约 1 米，先进行消毒和施用底肥，然后按照 10 万～15 万尾/亩的量投放鱼苗，3 天后开始投喂饲料，以蛋白质饲料为主，粒径不得大于 0.2 毫米，每天投喂 6～8 次，早晚重点投喂，待鱼苗体长达到 3～6 厘米时，可转入成鱼池养殖，期间注意调节水质，并随着鱼苗体型增大，逐步将蛋白质饲料替换为人工配合饲料。

六、鱼种越冬

罗非鱼不耐低温，在我国大部分地区不能自然越冬，在这些地区如果想利用大规格鱼种进行稻田养殖，就必须做好鱼种越冬工作。从成本及可操作性考虑，实际生产中一般采用简易大棚进行越冬。选择避风向阳的土池或水泥池，每口面积为 30～80 米^2，保持水深 1～1.2 米，在其上方覆盖简易的塑料大棚，配备增氧机、水泵、电阻加热器、锅炉等设施以应对意外情况。当水温下降到 20℃ 以下时，将鱼种转入事先经过消毒的越冬池中，体长在 10 厘米以下的鱼种，可按 200～300 尾/米^2 的密度放养，并根据水源状况酌情增减。越冬期间控制水温在 18～20℃，投喂粗蛋白质含量不低于 27% 的饲料，日投喂量为鱼体重的 0.5% 左右，越冬后再逐步提高投喂量。

七、苗种运输

1. 准备工作

罗非鱼苗种在运输前要进行筛选（彩图 11），舍弃畸形、病残的苗种，尤其是经过越冬的大规格苗种，要提前一个月将规格相同的放在同一池塘暂养，便于以后分批运输。在暂养期间加强饲料投喂及疾病预防，保证运输的苗种体质健壮、活力充沛、无伤无病。运输前 2～3 天停食，并对苗种进行拉网锻炼，同时排掉暂养池中的肥水，注入净水，促进苗种排掉代谢物。

2. 运输方式

苗种常用的运输方式有两种，一种是充氧袋运输（图 5-1），一种是水车运输。充氧袋适用于规格较小的鱼苗，装运密度视鱼苗规格和袋子尺寸而定，例如，用装水容量为 4 升的充氧袋，可装运水花 1 万～1.5 万尾，7～9 厘米的鱼苗 1200～1500 尾。水车即带有充氧设备，可于途中换水的专用车辆，一般适用于规格较大的苗种运输，运输密度视运输时间而定，一般 5 小时以内，可按每立方米水体 100～120 千克的密度装运；5 小时以上，则按每立方米水体 75～90 千克的密度装运。不管采用哪种方式运输，所用的水均需事先进行曝气，pH 控制在 7.0～7.5，水温控制在 20℃ 左右。

第五章

图 5-1　充氧袋运输

注意

1）夏季温度较高时，选择早晚的时间进行操作，避开白天高温。

2）在装运苗种时，务必小心操作，以免造成机械损伤，降低成活率。

3）运输途中每隔 1 小时观察一次，查看苗种的活力、水的温度及颜色变化。

八、苗种投放

投放时间因各地气候和农事季节差异而不同，根据当地实际情况而定。可先将苗种放在暂养池中暂养，待秧苗栽插 7～10 天后拆除暂养池与稻田环沟之间的隔断放苗种入田。此时秧苗已返青成活，苗种下田后不会对秧苗造成影响。也可安排好生产时间，直接将苗种放养入田。

提示

1）如是外购苗种，需在投放前用 3% 食盐水浸泡 10 分钟消毒。

2）投放苗种规格较大时，请将投放时间自秧苗栽插后酌情推延 5～10 天。

3）投苗时，可以先放一袋或一部分苗种进行试水，待观察无恙后正式投放。

选择晴天的上午，稻田中水温稳定在 20℃ 以上时，将苗种运至田边，如是充氧袋运输的，将充氧袋直接放到稻田中浸泡 30 分钟，使氧气袋内外水温差异不超过 2℃再进行投放；如是水车运输，则需先把水箱里的水排出 1/3，再从田中抽水灌注，重复 3 次平衡水温后再投放苗种。投放密度视苗种规格而定，由于鱼苗在稻田中的生活时间较短，建议投放规格稍大的苗种，可选择体长 10 厘米左右的苗种按 300～400 尾/亩的密度投放，同时搭配少量鲤鱼、鲫鱼、草鱼等，经过半年饲养，罗非鱼均重可达 250 克/尾左右。

第四节　饲养管理

一、日常管理

水稻自秧苗栽插到收割需要 110 天左右，这期间也是稻田中罗非鱼生长的关键时期。要求每天早晚巡查，观察鱼群的摄食、活动、长势等，最好能做成记录表，便于查看；检查进排水口有无淤堵、破损，田埂有无坍塌、漏洞；驱赶水鸟、水蛇、田鼠、鸭子、鹅等，避免鱼种被捕食。遇大风、雷雨、冰雹等天气时要做好防范及应对工作，最好能在稻田附近搭建看守棚，由专人驻守，既便于管理，又利于防盗。

二、饲料管理

罗非鱼食性广，食量大，可采用精饲料与青饲料混合的方式投喂，精饲料可选用麦麸、豆饼、玉米及人工配合饲料等，每天投喂量为田中鱼总重量的 3% 左右，分两次投喂，上午、下午各一次。青饲料可选用嫩草、浮萍、菜叶等，投喂量灵活掌握，以鱼群摄食后略有剩余为准。

提示

1）刚开始投喂时，可敲击木桶诱导鱼群形成反射信号，便于饲养管理。

2）"四定"原则，即定时、定位、定质、定量投喂，所投饲料质量有保证，投喂量适当。

3）先沿环沟投放饲料，再逐天缩小投饲范围，可引诱鱼群至食台集中摄食。

投喂饲料时遵循"四定"原则，同时可根据天气、水质、鱼群摄食情况灵活变通，例如，天气晴好时可适当多投，阴雨时可少投或不投；

第五章

水质清淡时可多投，水质较肥时可少投或不投；鱼群摄食旺盛时可多投，反之则少投。

三、水质管理

罗非鱼生活在稻田中，因此稻田必须保持一定的水位，一般是水稻栽插后即灌水淹过秧苗下部，不仅利于秧苗生根返青，也利于罗非鱼苗种的成活。直到水稻分蘖盛期需要晒田时，将水位降低至与环沟上口平行，既能保证沟中有水，又能露出禾蔸晒田。待水稻抽穗扬花时，再加深水位，以利于水稻灌浆。由于罗非鱼是热带鱼，对于高水温的适应性相对较强，因此一般情况下只需保持水质肥、活、嫩、爽即可。如水质过老，要及时更换新水；水质过于清瘦，每亩可施有机肥 50 ~ 100 千克，改善水质。另外，还可用光合细菌、EM 菌等微生态制剂调节水质，效果更好。

第五节 疾病防治

罗非鱼疾病一般分为病毒性疾病、细菌性疾病、寄生虫疾病和真菌性疾病，发生的季节主要在 3 ~ 10 月，特别是水温高于 25℃ 时，罗非鱼发病率和死亡率均较高。由于水产动物一旦发病，给药和观察疗效都很困难，因此在实际生产中往往提倡"防重于治"的理念。稻田养殖的罗非鱼发病率比其他模式低，但由于生态种养循环对药品使用有很大限制，因此平时要做好疾病预防工作。

1）抗生素必须按照规定使用。
2）预防和治疗尽量使用中草药或微生物制剂。

一、病毒性疾病

罗非鱼病毒性疾病目前报道较少，其可能的原因是罗非鱼在水温低于 15℃ 时即进入休眠状态，此时机体代谢机能降至最低，不利于病毒的繁殖。虹彩病毒病是目前罗非鱼有明确记录的唯一病毒性疾病。

1. 症状特征

虹彩病毒病的病原是虹彩病毒科的淋巴囊肿病毒和蛙虹彩病毒。患病罗非鱼体色发黑，眼球凸出，鳃丝苍白，停留在水底或悬挂在水体中，做螺旋状快速游泳。解剖可见肝脏发白，心脏、肾脏、脾脏均出现严重的出血性坏死。

2. 流行特点

危害范围从苗种到成鱼，主要感染 10 克左右的鱼种。

3. 预防措施

对于病毒性疾病，水产上一直都没有太好的治疗方法，因此只能从预防上入手，引入苗种时要进行严格的检疫，切断病毒来源。

4. 治疗方法

实际生产中一旦发生病毒性疾病，除了拌饲料投喂板蓝根、三黄粉、维生素等增强鱼体免疫力，防止继发性细菌感染外，还要对死鱼进行焚烧深埋，切忌随手丢弃，以免造成传染。

二、细菌性疾病

细菌性疾病是对罗非鱼危害最大的一类疾病，约占各种疾病总数的 60%，由于细菌性疾病传染快、死亡率高，而且常年均可发生，因此是罗非鱼养殖中重点防治的疾病。常见的细菌性疾病有烂鳃病、肠炎病、竖鳞病、赤皮病、链球菌病等。对于细菌性疾病最有效的治疗药物是抗生素，但在稻渔综合种养的模式下，抗生素的使用受到限制，而且由于细菌性疾病的致病菌大多为条件致病菌，广泛存在于水体中，当鱼体受损或体质下降，环境条件适于细菌繁殖时，即可感染造成发病。因此，稻田养殖罗非鱼时，重点做好疾病预防工作，使用药物时，尽量选择中草药。

1. 细菌性烂鳃病

（1）症状特征　本病的致病菌为柱状屈挠杆菌。患病鱼体色发黑，游动缓慢，鳃部肿胀腐烂，黏液分泌较多，呼吸困难，浮于水面。取鳃丝压片镜检，如无寄生虫和真菌，即可进一步诊断为本病。

（2）流行特点　从鱼种到成鱼均能感染，特别是在鱼的鳃丝受损的情况下更加容易感染。养殖密度较高，水质较差时往往容易暴发本病。

（3）预防措施　在疾病发生季节，用漂白粉 250 克兑水泼洒于食台周围，每周 2 次，可预防细菌性烂鳃病。另外，还可定期使用乌桕叶扎捆后放入田中沤水，隔天翻动一次。也可用大黄经 0.3% 氨水浸泡后泼洒于整个环沟进行预防。

（4）治疗方法　治疗本病可用含氯消毒剂对稻田环沟进行泼洒，重点是食台周围，用量参照使用说明。同时内服甲砜霉素，按照0.7克/千克（以鱼体重计）的量拌饲料投喂，连用4~5天。

2. 细菌性肠炎病

（1）症状特征　本病的致病菌为嗜水气单胞菌。患病鱼离群独游，行动迟缓，体色发黑，腹部膨大，肛门红肿外凸，轻轻挤压即有黄色黏液和脓血流出。解剖可见肠壁充血，肠内有较多黄色黏液并常伴有浅黄色腹水。

（2）流行特点　主要危害鱼种和成鱼，全年都可发生，主要暴发季节为4~9月，当水体环境恶化，鱼体免疫力下降时，容易感染本病。

（3）预防措施　预防本病首先要加强饲料管理，坚决不投劣质或已霉变的饲料，及时清理饲料残渣，注意饲料营养的搭配，可多使用青饲料。在疾病流行季节，可用大蒜500克/千克、马齿苋500克/千克、穿心莲200克/千克（均以鱼体重计），粉碎后加盐200克拌饲料投喂，合用或单用均可，连喂3天为1个疗程。

（4）治疗方法　治疗本病首先应用含氯消毒剂对稻田环沟进行泼洒，重点是食台周围，用量参照使用说明。同时内服大蒜素，按照1~2克/千克（以饲料计）的量拌饲料投喂，连用3~5天。

3. 竖鳞病

（1）症状特征　本病的致病菌为假单胞菌。患病鱼体色发黑，浮于水面运动迟缓，体表粗糙，眼球凸出，腹部膨大，最典型症状为鳞片向外张开，形似松塔，轻轻一拔，鳞片即脱落。解剖可见腹部有腹水，肝脏、脾脏肿大。

（2）流行特点　主要危害亲鱼，发病水温为17~20℃。稻田养殖时一般不会发生本病，但鱼种和亲鱼越冬时，由于缺乏维生素，容易感染本病。

（3）预防措施　预防本病主要从加强鱼体体质入手，在越冬期加强营养，保持水质清新，多使用青菜、嫩草等青饲料投喂，还可在饲料中适当添加维生素，提高鱼体免疫力。

（4）治疗方法　治疗本病首先应用含氯消毒剂对整个环沟进行泼洒，同时内服磺胺二甲氧嘧啶，按照100~200毫克/千克（以饲料计）的量拌料投喂，连用4~5天。对于亲鱼患病，可用3%的食盐水浸浴10~15分钟。

4. 赤皮病

（1）症状特征　本病的致病菌为荧光极毛杆菌。患病鱼病灶周围鳞片松动，充血发炎，背鳍或全部鳍条基部充血，鳍条末端腐烂。

（2）流行特点　从鱼种至成鱼均可感染本病，多由鱼体身上机械损伤感染而致。

（3）预防措施　预防本病，首先在捕捞、装运、运输等过程中要小心操作，防止造成机械损伤，其次在放养鱼种入田前应用3%的食盐水浸泡消毒。

（4）治疗方法　发病时用二氧化氯按照每立方米水体0.5克的量全田泼洒，连用3天为1个疗程。

5. 链球菌病

（1）症状特征　本病致病菌为链球菌，根据相关报道，引起罗非鱼疾病的主要有β-溶血性链球菌和非溶血性链球菌两类。患病鱼的中枢神经会遭到破坏，因而会出现在水中游动时失去平衡的现象，部分患病鱼会停留在水面不动，对于外界的威胁没有反应。部分患病鱼解剖可见内脏广泛出血，脾脏和肾脏肿大，本病最明显的症状为胆囊肿大，但确诊还是需要在实验室采用分子生物学方法准确鉴定。

（2）流行特点　链球菌病的危害很广，多流行于夏秋高温季节，从鱼种到成鱼均可感染，发病率为10%~30%，死亡率最高可达80%。本病传染性强，常常以水平传播的方式互相感染，即通过食物或创伤在罗非鱼之间传播，是目前全世界公认的危害罗非鱼生产效益的细菌性疾病之一。

（3）预防措施　目前实际生产中预防本病，首先要选取抗病力强的品种进行养殖，其次增加水中溶氧量，降低养殖密度，还要定期采用含氯消毒剂对稻田环沟进行泼洒。对于大规模的养殖，也可选用疫苗进行预防，但成本较高。

（4）治疗方法　治疗本病可选用10%氟苯尼考，按照1克/千克（以饲料计）的量拌饲料投喂，每天1次，连喂5~7天，有一定疗效。

三、寄生虫病

寄生虫病对罗非鱼的危害也较大，约占疾病总数的20%。寄生虫感染可导致罗非鱼免疫力低下、食欲下降、生长迟缓，严重时引起死亡，还会改变外观，影响出售，更重要的是寄生虫对鱼体体表的损伤，往往会引起继发性的细菌感染。鱼类的寄生虫种类很多，但大多是条件致病性，通常情况下不会造成危害，但是当水体环境恶化，生态平衡被打破时，寄生虫就会大量侵袭宿主，导致寄生虫病暴发，给渔业生产造成很大损失。因此，对寄生虫病的危害应该引起足够重视。

1. 车轮虫病

（1）症状特征　由车轮虫寄生在鱼的鳃部和皮肤引起。患病鱼体色暗淡，行动迟缓，食欲减退，常浮于水面。鳃部分泌黏液增多，鳃丝肿胀，呼吸困难，严重时鳃丝溃烂，最终导致死亡。取活鱼鳃丝压片镜检可见车轮虫附着，像车轮一样转动。

（2）流行特点　一年四季均可发生，从鱼苗到成鱼均可感染。

（3）预防措施　预防本病要从源头着手，一是稻田清整时要彻底消毒，二是投放苗种时要浸浴消毒。

（4）治疗方法　治疗可用每立方米水体 0.6~0.7 克的硫酸铜和硫酸亚铁合剂（5:2）泼洒，并加大换水量，连续 3~5 天。也可用苦楝新鲜枝叶按照每平方米水面 50 克的用量煎水后泼洒，连用 1 周。

2. 指环虫病

（1）症状特征　由指环虫感染引起，指环虫是蠕虫类的寄生虫，具眼点，有口钩，主要靠虫卵及幼虫传播。指环虫主要寄生在鱼的鳃部和皮肤，引起鱼类呼吸困难而导致死亡。患病鱼症状与车轮虫病相似，取活鱼鳃丝压片镜检可见指环虫附着。

（2）流行特点　本病多发于夏秋两季水温为 20~25℃时，鱼种越冬时也容易受到感染。

（3）预防治疗　本病防治可参照车轮虫病。

第六节　成鱼收获

一、起捕时间

一般是在水稻收割前将鱼起捕出售，如果种植的是晚稻，也可根据市场行情和气候适当推迟捕捞时间，但在水温下降到 16℃ 前一定要起捕，否则罗非鱼有可能会被冻死，影响综合效益。

二、起捕方法

一般采用人工捕捞的方法，捕鱼前先将稻田的水排干，鱼会顺着水流自动聚集到环沟低洼处，再用抄网将鱼捞起即可，最后再检查一遍环沟有无漏网之鱼。

1）罗非鱼易受惊钻泥，可用冲水的方法使其集中，再行捕捞。

2）罗非鱼性成熟快，如捕到小规格的鱼种，可暂养越冬后作为来年鱼种。

第七节 罗非鱼稻田养殖高产高效实例介绍

云南省澜沧县于 2013 年 6 ~ 10 月在本县酒井乡岩因村东佛一组实施了稻渔综合种养 106 亩，以罗非鱼为主养品种，搭配少量鲤鱼、鲫鱼、草鱼，取得了亩均新增纯收入 832 元的成果，现将其养殖技术要点总结如下。

一、选择适宜的稻田

选择本县稻田相对集中连片，水源较好，排灌方便，洪水不淹，天旱不干，土壤保水力强，水质符合《无公害食品 淡水养殖用水水质》NY 5051—2001）标准，交通相对便利，群众积极性高的酒井乡岩因村东佛一组的稻田。

二、田间工程

1. 改造田埂

进行宽埂边塘式稻渔工程改造，即先用推土机把坡地推成平地，弯埂改直，小田改大，再用挖环沟的泥土将田埂加宽加固，使埂高 1 ~ 1.5 米，夯实后不低于 1 米，埂顶宽 1 ~ 2 米，同时改造进、排水沟，安装防逃设施。

2. 开挖环沟和暂养池

在稻田一角开挖深 1.2 ~ 1.5 米的暂养池，在稻田四周围绕田埂挖宽 1 米、深 1 ~ 1.5 米的环沟，环沟和暂养池的总面积不超过稻田面积的 15%。

三、高产养殖技术要点

1. 鱼苗选择

根据当地气候环境条件，选择投放建鲤、单性罗非鱼、草鱼、鲫鱼、鲢鱼、鳙鱼 6 个品种，放养比例为罗非鱼: 鲤鱼: 草鱼: 其他鱼 = 70: 15: 5: 10，鱼种规格为 6 ~ 13 厘米。

2. 消毒处理

鱼种投放前用3%的食盐水浸泡5～10分钟，以杀灭鱼体表面的病原菌和寄生虫。

3. 投放条件

稻田栽插秧苗返青后，疏通已开挖好的环沟、暂养池，稻田再灌水6～10厘米后即可放养鱼种。选择晴天上午稻田水温保持在18℃以上进行，投放时注意平衡水温，待稻田水温和氧气袋水温温差在2℃以内时放入。

4. 投放密度

每亩投放过冬鱼种300尾，投放时动作轻柔，避免损伤鱼体。

四、日常管理

1. 保持水深

稻田田块水深保持在7～30厘米，当稻田需要落水时，排水速度不可过快，防止鱼种来不及进入环沟和暂养池。

2. 饲料投喂

投喂精饲料搭配青饲料，青饲料包括嫩草、浮萍、菜叶等，精饲料包括米糠、麸皮、酒糟、人工配合饲料等。精饲料每天10：00～11：00、16：00～17：00各投喂1次，日投喂量为稻田中鱼体总重的3%～6%。青饲料以第二天略有剩余为准。

3. 巡田检查

每天早晚巡田，检查鱼群的活动、吃食和水质、水位情况，检查配套设施有无破损，检查水稻长势，适时调节水位。有条件者可搭建看守棚防盗。

4. 起捕

当稻田中水温下降到15～18℃时，将鱼全部起捕。在水稻收割前几天先疏通环沟和暂养池，然后慢慢放水，让鱼自行进入暂养池，用网将鱼捕捞出售。

五、效益

2013年10月22日，对实施稻渔综合种养的养殖户进行随机抽样检测，抽取养殖户2户，养殖面积为12亩，测得鲜鱼990千克，平均亩产82.5千克；测得稻谷5976千克，平均单产498千克，与对照田比较，平均每亩增产稻谷46千克。按照当地市场行情，鲜鱼16元/千克，稻谷

2 元/千克，稻鱼亩均产值为 2316 元，亩均新增产值 1412 元。扣除鱼种及饲料等费用（鱼种 300 元，饲料 210 元，其他 70 元）580 元，亩均新增纯收入 832 元（表 5-1）。

表 5-1　罗非鱼稻田养殖效益实例

放养情况				收获情况			
	数量		规格/厘米		鲜鱼		稻谷	
日期	尾数/尾	重量/千克		日期	总产量/千克	单产/（千克/亩）	总产/千克	单产/（千克/亩）
6 月 8 日	3600	232	6 ~ 13	10.22	990	82.5	5976	498

在这个实例中，稻谷和鱼的市场价格是按照常规种养殖模式下生产的产品来计算，并未考虑稻渔综合种养作为生态循环农业，所产出的产品具有的附加值。实际上，稻渔综合种养的产品往往更具有市场前景，售价也较高，如四川省崇州市，作为全国稻渔综合种养示范县，稻谷最高售价达到过 16 元/千克，平均售价达到 10 元/千克，罗非鱼售价也达到 20 元/千克，在实现稻鱼双丰收的同时，也获得了经济效益上的增收。

第六章　鸭-鱼稻田养殖技术

　　稻田养鱼历史悠久，稻田里养鸭也很常见，但多数是以稻后养鸭为主，秋鸭居多。稻田养鸭中，真正稻-鸭共栖的情况并不多见，其主要原因是农民怕鸭子下田后践踏秧苗。至于稻-鸭-鱼共栖立体种养，人们认为凸显的矛盾更多，既害怕鸭子下田践踏秧苗，又担心鸭吃鱼，还有就是担心水稻需要浅灌而养鱼需要深水之间的矛盾等。但随着现代化稻田养鱼模式的发展，尤其是科学化稻田改造后，这一系列问题都得到了有效解决。近年来，根据生物多样性的原理，在稻-鱼模式基础上加入鸭，形成稻-鸭-鱼共生模式（彩图12），能进一步利用土地空间，为种养殖户带来额外的收益。

第一节　鸭-鱼稻田养殖的优势

　　稻-鸭-鱼综合种养技术是在传统稻田养鸭的基础上发展起来的复合生态农业模式。该模式是天然的立体农业生产模式，能有效缓解人地矛盾，表现出稳粮、促渔、增效、提质、生态、节能等多方面的作用，在经济、社会、生态等方面均取得显著的成效。鸭-鱼稻田养殖系统可以一田多用，在同一块土地上既提供水稻又提供鱼肉和鸭肉。此外，该系统还具有下列几种优势。

一、有效控制病虫草害

　　根据相关文献报道，稻瘟病是水稻的重要病害之一，但是在鸭-鱼稻田养殖系统中其发病率和病情指数明显低于水稻单作田。同时，鸭-鱼稻田养殖系统中鱼、鸭通过捕食稻纵卷叶螟和落水的稻飞虱，大大减轻了害虫的危害。此外，鱼和鸭的干扰与摄食使得鸭-鱼稻田养殖系统中杂草的密度发生了显著的变化。在水稻生长期，鸭-鱼稻田养殖系统中杂草的数量明显低于水稻单作田。

二、增加土壤肥力

在鸭-鱼稻田养殖系统中，鱼和鸭的存在可改善土壤的养分、结构和通气条件。鱼、鸭吃掉杂草可作为粪便还田，增加土壤有机质含量。同时，鱼、鸭的翻土打破了土壤胶质层的覆盖封固，增大了土壤孔隙度，有利于肥料和氧气渗入土壤深层，起到了深施化肥提高肥效的作用。而鱼、鸭的活动也搅动田水，增加了水面和空气的接触面积，改变了水中的气体结构，改善了气体的物理属性和化学成分。

三、储水和灌溉

鸭-鱼稻田养殖系统中鱼只有在有水的情况下才能生存，该系统通过雨季储存大量水在稻田中，一方面可供鱼生存、鸭有水喝，另一方面到旱季缺水时，保证水稻生长有足够的水分。通过改造后的稻田具有巨大的水资源储备能力，具有蓄洪和储水的双重功效。而在持续干旱季节，这些稻田又能通过地下水渠道和直接排放的方式，为周边田土提供一定的灌溉水。

四、减少甲烷的排放

在稻田里养鱼和鸭可以显著降低甲烷排放通量的高峰值，使得甲烷排放通量的日变化趋于平缓。这是因为在鸭-鱼稻田养殖系统中，鱼、鸭能够消灭杂草和水稻脚下叶，从而影响了甲烷菌的生存环境，间接地减少了甲烷的产生。最重要的是鱼、鸭的活动增加了稻田水体和土层的溶解氧，改善了土壤的氧化还原状况，加快了甲烷的再氧化，从而降低了甲烷的排放通量和排放总量，尤其是对稻田甲烷排放高峰期的控制效果最为明显。

五、保护生态环境

鸭-鱼稻田养殖系统中，由于利用三者之间的相互作用已经很好地控制了病虫草害的影响，因此外部投入大大减少，也减少了对生态环境的污染，避免施用化肥、农药时生物多样性的破坏。

窍门

稻渔综合种养模式充分利用了稻田综合资源，较单纯种稻具有明显的优势。目前，平均亩产鲤鱼等水产品75千克，成品鸭20千克，亩产稻谷500千克以上，亩均利润达2000元左右。

第六章

第二节 田间工程

一、田间工程建设

鸭-鱼稻田养殖的田间工程建设与稻田养鱼一致，通常以机械挖方为主，人工修整为辅助，主要是修建环沟和暂养池，整个环沟和暂养池面积不超过整块田面积的10%，田埂夯实不漏水，田块平整，其他田块可参照执行。应选择相对集中连片、水源充足、排灌方便、无旱涝危险的田块进行平整。田块形状及面积因地制宜，尽量改造为规则形状，弯埂改直，小田改大，丘陵地区坡地可用推土机推成台地。稻田的基本建设参照本书第二章。

二、鸭舍搭建

稻田与池塘相接处搭建鸭舍：鸭舍一般四周用竹、木围筑，用石棉瓦盖顶，外围再用网围起，防止天敌入侵，并保持良好的通风透气条件，鸭舍地面垫上塑料薄膜。每个鸭舍建有通往规定稻田和养殖池塘的鸭群专用通道，上午和下午将鸭群赶往稻田活动，中午和傍晚用特定信号唤回鸭群摄食，夜晚赶入鸭舍休息。配套的鸭舍应选择搭建在稻田和池塘相邻的位置，要求地势较高、阳光充足，远离污染源、居民区和村庄。冬季能密封保温，夏季能通风降温，雨季排洪排水良好。

> 鸭舍是鸭栖息的重要场所，鸭舍的面积一般以每平方米养殖8只来计算。需主要预防的天敌有黄鼠狼、猫、犬等。

第三节 苗种放养

一、前期准备

1. 清理消毒

稻田清除杂物并清整环沟，多余的淤泥要清整还田用于水稻栽培。环沟挖成或清整后，在苗种投放前10~15天，用生石灰45~75克/米²带水消毒，以杀灭沟内敌害生物和致病菌，防止鱼病发生。苗种放养前，对环沟按每立方米水体用生石灰100克或漂白粉10克，兑水均匀泼洒，7~10天后放鱼。

注意

消毒时需注意以下事项；一是消毒时间要恰当，不要太早也不能太迟，一般在鱼苗下塘前 10 ~ 15 天进行比较合适；二是鱼苗下塘前必须进行试水，确认无毒后才能投放鱼苗；三是为了提高药物消毒的效果，建议选择在晴天中午进行药物消毒。

2. 施用底肥

稻田底肥的施用要根据土壤肥力酌情考虑，它的原则是：以基肥为主，追肥为辅；农家肥为主，化肥为辅，要少量多次。一般施用有机肥 450 ~ 600 克/米^2 或腐熟粪肥 600 ~ 900 克/米^2 培肥水质，4 ~ 5 天后可投放鱼种。稻田养鱼后，因为鱼类排泄物可起到增肥作用，所以稻田的追肥用量应相应减少，一般掌握在总施肥量的 30% 即可。施追肥前最好先把鱼赶至环沟或暂养池中。

注意

施用生物肥料必须腐熟，防止生物肥发酵消耗稻田中的氧气。同时需注意施用的生物肥不能将额外的病原带入稻田中。

二、苗种来源与运输

根据稻田养殖品种不同，"苗种来源与运输"详细内容参见其他章节相关内容。

三、苗种投放

1. 养殖品种选择与投放密度

选择适应性好、营养丰富的品种，主要有鲤鱼、鲫鱼、草鱼、鲢鱼等，建议可选择乌鳢等名特优品种。可选择放养规格为 5 克/尾的红田鱼 300 尾/亩、5 克/尾的建鲤 300 尾/亩、50 克/尾的鲫鱼 400 尾/亩或 100 克/尾的乌鳢 250 尾/亩，均搭配 200 ~ 250 克/尾的草鱼 10 尾/亩、鲢鱼和鳙鱼共 20 尾/亩（图 6-1）。

图 6-1 苗种投放

注意

稻田的水面积总体有限，肆意增大放养密度，在气温较高时很容易造成鱼类缺氧死亡，而且大大提高了疾病发生的概率。

2. 苗种投放时间和要求

苗种于秧苗返青后放入大田中，投放的苗种应无病、无伤、体质健壮，符合有关标准。

注意

一定要待秧苗返青后再放鱼苗，防止鱼类破坏稚嫩的秧苗，造成水稻减产。

3. 苗种消毒

用3%～5%食盐水浸泡鱼种5～10分钟或用10毫克/升高锰酸钾溶液浸泡20分钟（彩图13），以杀灭体表病菌及寄生虫，投放时要细致、快速、不伤鱼体。秧苗返青后，将暂养池中的鱼苗放入稻田开始成鱼养殖。

注意

鱼苗下塘前的消毒需重视，防止病原由鱼体带入到稻田中，无鳞鱼慎用消毒剂。

4. 鱼苗运输

运鱼水温和田水水温温差不大于3℃，否则要调节水温。用充氧袋运输的鱼苗，可将充氧袋放入环沟中10～30分钟调节水温；用鱼罐车运输的鱼苗，可用稻田中的水慢慢更换罐车中的水，待水温调节好后放养，要细致、快速、不伤鱼体。

提示

运输过程中尤其要注意水温的变化和水体溶氧量，运输时间不宜过长。

四、鸭品种筛选和放养

1. 鸭品种筛选

稻田中养鸭，因体型较大的鸭品种易践踏秧苗，且行动迟钝、抗逆性不强，在稻田中觅食和适应性差，较难适应稻田环境，不宜选用。应选择体型小、适应性广、抗逆性强、生命力强、活动时间长、活动量大、嗜食野生生物等役鸭型品种。

鸭的品种可选择本地适宜养殖的经济品种，若期望当年达到上市规格，可放养规格较大的鸭种。

2. 鸭放养前驯养

鸭在放入稻田之前，应有意识地进行采食训练，以便放入稻田中能迅速采食各种野生饲料。鸭的听觉较为灵敏，可以在喂食时进行固定的口令或音乐训练，使鸭群建立听从指挥的条件反射，便于规范化管理。

有效地驯养鸭可减少劳动力的投入，同时减少鸭对田中水稻和鱼的损害。

3. 放养规格及密度

待秧苗返青后，选择晴天的中午，把清晨空腹不喂的雏鸭运到所选固定宿营的田埂上，放上饲料，饲喂后任其自由入田活动和觅食。其饲槽不动，过 1～2 小时在此再边唤边喂，到傍晚再边唤边喂 1 次。雏鸭经连续几天唤喂，便驯食成功，使其在此固定宿营，不用人工看管，也不用喂食了。鸭子育雏 20 日龄以上，水稻栽后 15 天左右，及时放雏鸭入稻田，放养量为 10～15 只/亩。

雏鸭的放养密度不宜过大，密度过大时，天然饲料和生活空间不足，雏鸭就会主动破坏稻田中的水稻，吞食小型的鱼苗，造成不必要的损失。

第四节 饲养管理

一、日常管理

鸭-鱼稻田养殖日常管理工作的好坏是养殖成败的关键，要防止重放养轻管理的倾向。鸭-鱼稻田养殖的日常管理主要有以下几项工作。

1. 坚持巡田

鸭-鱼稻田养殖过程中要坚持早晚巡田查看水位、水质是否正常，观察鱼类和鸭的活动情况有无异常，检查鱼类有无"浮头"、死鱼、病鱼现象发生，是否受到敌害侵袭，如水蛇、水鸟等。观察水稻长势和病害情况，发现问题及时处理。傍晚检查鱼和鸭的吃食情况，检查是否所有鸭都回归鸭舍休息，同时检查鸭舍是否整洁和有无破损。检查田埂有无坍漏，进出水口是否通畅，如有问题要及时修复。

巡田工作是必不可少的，重点观察水质、饲料、摄食情况，以及进排水系统及防逃设施是否完好。在恶劣天气来临前，提早做好预防措施。

2. 清理环沟和暂养池

环沟和暂养池是鱼类生长与活动的主要场所，经过一段时间的养殖后，应特别注意环沟和暂养池的情况。应及时清除环沟内多余的淤泥，打捞剩和死亡的水草，以及未被鱼和鸭摄食的饲料。尤其需要注意田块和田埂是否出现垮塌、堵塞环沟，出现这种情况时应及时修补和疏通环沟。

适时清理和疏通环沟、暂养池，以利于鱼健康生长，减少病害的发生。

3. 调节水位

正确处理水稻浅灌与养鱼矛盾。根据水稻不同生长阶段的特点，适时调节水位。秧苗生长前期田水要做到薄水栽秧、活水返青，返青后水深控制在5厘米左右促进水稻分蘖。注意选择连续晴天保持水面比垄面低10厘米时放水晒田。晒田结束后加深水位至10~15厘米，满足逐渐长大的田鱼活动和生长所需。水稻收割前10~15天，降低田水，以环沟水面低于田面10厘米为宜，让鱼类集中在环沟内生活，并便于水稻机械收割。

4. 水体消毒

坚持每15天加注1次新水并使用氯制剂或生石灰对稻田水体进行消毒。方法是计算好稻田水体，按规定用量（氯制剂按照使用说明使用，生石灰的用量为7.5~15克/米^2），兑水全田泼洒。水体消毒后2~3天后，施用光合细菌或 EM 菌培养水体藻相，调节水质；使用时计算好稻田水体，按使用说明用量对水泼洒，以晴天施用为宜。

提示　　坚持水体消毒是防止病害发生的有效途径之一，这一环节非常重要，不可忽视。

5. 防洪抗旱

当天气干旱时，雨水较少，稻田周围可能会出现缺水的情况，为了不影响鱼的生长和水稻的生长，在干旱气候来临前应注意蓄水和保水，尽可能保证稻田的正常水位。同时干旱期间应加大排查进出水口及田埂是否有漏水情况，并节约用水。当雨季来临时也要提前做好准备，及时检查和疏通排水口和排水沟，防止田水满溢逃鱼。

注意　　干旱或雨季来临前，应及时做好相关的防范措施，避免天气灾害带来损失。

6. 防逃和防御敌害

检查防逃设施，特别是下雨刮风天气应特别注意，要经常检查进排水设施是否通畅，并注意检查田埂有无垮塌危险。如与相邻稻田放养的鸭子发生混群，不要人为追捉，强行分群，待其摄食和嬉水之后，能各自识别自己的鸭群，结伴休息，并在傍晚各自返回其固定宿营地。鸭-鱼稻田养殖有鸟、鼠、蛇、水生昆虫等多种敌害，对鱼危害极大，要做好敌害防御。鸭易离群丢失，应不定时检查鸭的数量，出现丢失情况应及时查找原因并做出相应的处理措施。

二、饲料管理

为了使鱼吃好吃饱，生长迅速，饲料系数低，投饲量应按田鱼总重的3%～5%投喂，投喂专用浮性料到食台。一般在 8：00～9：00 或 16：00～17：00 投喂 1 次，具体视田鱼吃食情况和天气情况增减。每 15 天在 10 千克饲料中添加氟苯尼考 5 克、鱼用多维 20 克和三黄粉 10 克拌饲料投喂，连喂 3 天，可预防多种疾病。投饲必须坚持"四定"原则。

定时：在正常情况下，每天投饲时间要相对固定，从而使鱼养成按时摄食习惯。

定质：饲料要新鲜、卫生，不霉烂变质，以免发生疾病及其他不良影响。

定位：投喂的饲料要有固定食场，使鱼养成在固定地点摄食习惯。

定量：投喂的饲料要适量，防止过多过少，以免影响消化和生长。投饲数量多少受多种因素影响，如天气情况、水温情况等。

为给鸭子足够的辅助营养，促进成长，建立人鸭间的交流，可每天进行一次辅助饲喂。饲料种类宜根据条件而定。饲料量根据稻田内的杂草和水生动物数量来判定。

提示

高温的夏季，鱼类饲料需求大，此时应注意饲料的投入量，切莫过多投喂，使得水质在短时间内急剧破坏从而导致病害的发生。

三、水质管理

水是养鱼的基本条件。田水浅不但影响鱼种放养量，降低产量，而且容易受水鸟等敌害侵袭。因此要防止田水过浅，影响养殖效益。有条件的稻田可将水位保持在1.3米以上，利于鱼类生长，但要从当地实际出发，能深则深，具体管理方法见前面的日常管理的内容。此外，稻田的田水还应保持水质肥、活、嫩、爽，有利于水稻和田鱼的良好生长。如水质过老，要及时更换新水；水质过清瘦，每亩可施发酵有机肥50～100千克，改善水质。此外，还要不定期施生石灰，一般每亩每次用量10～15千克，全田泼洒，调节水质。有条件的养殖户可用光合细菌、EM菌等微生态制剂改善水质，效果更佳。

第五节 疾病防治

一、赤皮病

1. 症状特征

病鱼行动缓慢，反应迟钝、衰弱、离群独游于水面。体表局部或大部出血发炎，鳞片脱落，特别是鱼体两侧和腹部最为明显。鳍充血、尾部烂掉，形成"蛀鳍"。在鳞片脱落和鳍条腐烂处，往往出现水霉寄生，加重病势，发病几天后就死亡。

2. 流行特点

本病一年四季都有流行，尤其在捕捞、运输后。

3. 预防措施

田鱼的疾病防治以预防为主，治疗为辅，平时要多注意观察，勤换水，定时用生石灰消毒。每 15 天在 10 千克饲料中添加氟苯尼考 5 克、鱼用多维 20 克和三黄粉 10 克拌饲料投喂，连喂 3 天，可预防疾病。

窍门

养殖期间勤用生石灰可以有效调节水体水质、增加钙质、杀灭有害病原体等，且生石灰低价易得，是养殖过程中消毒不错的选择。

4. 治疗方法

1）含氯石灰（漂白粉）（也可使用20%二氯异氰脲酸钠、30%三氯异氰脲酸粉或8%二氧化氯）一次量为每立方米水体 1～1.5 克（20%二氯异氰脲酸钠 0.3～0.6 克、30%三氯异氰脲酸粉 0.2～0.5 克或8%二氧化氯 0.1～0.3 克）。疾病流行季节，全田泼洒，每 15 天 1 次。

2）8%溴氯海因，一次量为每立方米水体 0.2～0.3 克，疾病流行季节，全田泼洒，每 15 天 1 次。

3）10%聚维酮碘溶液，一次量为每立方米水体 0.5～1 毫升，疾病流行季节，全田泼洒，每 15 天 1 次。

二、细菌性烂鳃病

1. 症状特征

病鱼行动缓慢，反应迟钝，体色变黑，尤其头部颜色更暗，鳃盖骨的内表皮往往充血发炎、腐烂，形成一个圆形的不规则小区，俗称"开天窗"。鳃丝腐烂，带有污泥，黏液增多，鳃丝肿胀，严重时鳃丝溃烂缺损。

2. 流行特点

本病从鱼种至成鱼均受害。本病在水温 15℃ 以上开始发病，在水温为 15～30℃ 范围内，水温越高，越容易暴发流行，致死的时间也短。一般流行于 4～10 月，尤其在夏季。

3. 预防措施

以预防为主，治疗为辅，平时要多注意观察，勤换水，定时用生石灰消毒。每 15 天在 10 千克饲料中添加氟苯尼考 5 克、鱼用多维 20 克和三黄粉 10 克拌饲料投喂，连喂 3 天，可预防疾病。

4. 治疗方法

1）硫酸庆大霉素，一次量为每千克体重 10 ~ 15 毫克，拌饲料投喂，每天 1 次，连用 3 ~ 5 天。

2）含氯石灰（漂白粉）（也可用 20% 二氯异氰脲酸钠、30% 三氯异氰脲酸粉或 8% 二氧化氯）一次量为每立方米水体 1 ~ 1.5 克（20% 二氯异氰脲酸钠 0.3 ~ 0.6 克、30% 三氯异氰脲酸钠 0.2 ~ 0.5 克或 8% 二氧化氯 0.1 ~ 0.3 克），疾病流行季节，全田泼洒，重症可连用 2 ~ 3 天。

三、车轮虫病

1. 症状特征

寄生在鱼体表和鳃上，病鱼表现为鱼体发黑，离群独游。体表的车轮虫在鱼体表来回滑动，剥取宿主皮肤组织细胞和鳃组织营养，破坏皮肤和鳃组织，影响鱼的呼吸和正常活动。

2. 流行特点

病原为车轮虫和小车轮虫，主要危害多种鱼类的鱼苗、鱼种阶段，流行的高峰季节为 5 ~ 8 月，水温为 20 ~ 28℃。

3. 预防措施

彻底清塘，晾晒塘底，杀死寄生虫卵；发病高峰季节，定期使用车轮净等杀虫剂抑制虫体繁殖。

4. 治疗方法

1）硫酸铜和硫酸亚铁，一次量为每立方米水体 0.5 克和 0.2 克，配制成合剂后全田泼洒 1 次。

2）车轮净（苦参碱醇溶液），一次量为每立方米水体 0.5 ~ 1 克，全田泼洒。

第六节　鸭、鱼收获

收获的时间根据各自的情况而定，成鱼一般在收割稻谷时就可上市。收获前先疏通环沟，缓缓放水，让鱼慢慢游到暂养池中，等待暂养池水位达一定的深度时，再用小网起捕。

若捕捞在水稻收割前进行，为了便于把鱼捕捞干净，又不影响水稻生长，可进行排水捕捞。在排水前先要疏通环沟，然后慢慢放水，让鱼自动进入环沟随着水流排出而捕获。如一次捕不干净，可重新灌水，再重复捕捞一次。

有条件的地方可以田塘结合，将起捕后的成鱼集中到池塘中，要求8~10亩稻田搭配1亩池塘；如果稻田地势落差大的地方，收获时可将地势低的稻田加深水作为成鱼集中饲养的池塘，这样可避免成鱼集中上市（图6-2）。

图6-2 田鱼收获

未达到上市规格的，可加深稻田水位继续养殖，有池塘配套的农户可将田鱼转入池塘继续养殖或与低洼冬休田结合，可以延长水产品的上市时间，错峰上市。

鸭的捕捞方法主要为水稻灌浆时，将鸭一次性赶出田地，集中捕获。

鸭子要在水稻抽穗扬花前上市，经过约75天的田间生长达到1.5~2.5千克，即可上市。

第七节 鸭-鱼稻田养殖高产高效实例介绍

四川省成都市目前水稻种植面积为270万亩，其中有宜鱼稻田50万亩以上。成都历来都有稻田养鱼的习惯，起步较早，曾经是渔业重要的生产方式之一。20世纪90年代后，受技术、观念等影响，成都市稻田养鱼发展一直相对平缓甚至滞后，2014年全市有稻田养殖面积仅5310亩，2016年发展到了55700亩，全市实现稻田综合种养增收1.4亿元，其中"稻-鸭-鱼"养殖面积9009亩，该模式每亩收入2500元以上。

一、选择适宜的稻田

稻田选择阳光充足、保水性好、水源充足、进排水方便、无污染、水质清新、交通运输便利的壤土土质田块，并能防洪、防旱，每块稻田面积在 2000 米² 以上。以自然田块为单位，以集中连片规模经营。选择标准化农田区，进排水系统健全，桥、涵、闸等建筑物配套齐全，田周规整、田块平整，沟渠配套，灌排设施完备。

二、田间工程

1. 田间工程建设

以机械挖方为主，人工修整为辅助，主要是修建环沟和暂养池，整个环沟和暂养池面积占整田面积的 8%~10%，田埂夯实不漏水。紧挨田埂在田内挖一条宽 1.5~2 米的环沟，深度为 1~1.5 米，环沟约占整块田面积的 7%，环沟截面为梯形，上宽下窄，边坡适度并夯实，有条件的可在田中开挖"十"字形田沟和暂养池。在田块的进出水口挖两个暂养池，面积占整田面积的 3%，长 4~6 米，宽 3~5 米，深 1.5~2 米，与环沟相连，形状因地而异，以长方形最宜。

2. 进排水设施安装

每个田块进排水设施均独立成系统，开挖环沟时在稻田设置进水口和排水口，呈对角，进、排水口要用双层密网片扎好，一方面防逃跑，同时也可避免注水时野杂鱼进入。进排水设施均采用 PPR 管，排水管呈"L"形，一头埋于田块底部，另一头可取下，利用田内水压调节水位，进排水设施均做好防逃措施。

3. 鸭棚建设

水稻插秧后，将稻田四周围起来，防止黄鼠狼、猫、犬等进入，并在稻田一角为鸭修建一个简易的栖息场所。配套的鸭舍搭建在稻田和鱼塘相邻的位置，并且地势较高、阳光充足、远离污染源、居民区和村庄。

4. 防逃设施建设

进排水口用网片过滤以防敌害进入和鱼种逃跑，网片孔目视所养鱼规格而定，以不逃鱼、不阻水为原则。拦鱼栅材料选用木制、条编或网片等材料，孔隙或网眼大小根据所放养鱼种规格来确定，保证不阻水，不逃鱼。

三、高产养殖技术要点

1. 稻田准备

稻田清除杂物并清整环沟，多余的淤泥清整还田用于水稻栽培。环沟挖成或清整后，在苗种投放前 10~15 天，用生石灰 30~50 千克/亩带水消毒，以杀灭沟内敌害生物和致病菌，防止鱼病发生。稻田底肥的施

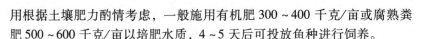

用根据土壤肥力酌情考虑，一般施用有机肥 300 ~ 400 千克/亩或腐熟粪肥 500 ~ 600 千克/亩以培肥水质，4 ~ 5 天后可投放鱼种进行饲养。

2. 水稻品种选择与栽插

水稻选择株高中等偏上、株型集散适中、茎粗叶挺、分蘖较强、抗逆性好的品种，米质达到国家优质稻谷二级米以上的优质水稻品种，如川优 6203、宜香优 2115 等，在 3 月下旬或 4 月上旬播种，4 月底至 5 月底移栽。

3. 品种选择

稻田鱼选择适应性好、营养丰富的品种，主要有鲤鱼、鲫鱼、草鱼、鲢鱼等。投放的鱼种无病、无伤、体质健壮，符合有关标准。稻田鸭选生命力旺盛、抗逆性强、适应性广的小中体型良种鸭。

4. 田鱼和田鸭放养

以放养鲫鱼为例，每亩放养 50 克左右的鲫鱼 400 尾，搭配混养 250 克的草鱼 10 尾、鲢鱼和鳙鱼共 20 尾。鸭的品种在成都本地主要放养畅销的麻鸭为主，放养 15 ~ 20 日龄，每亩放养 10 ~ 15 只。

5. 放养时间及要求

用 3% ~ 5% 食盐水浸泡鱼种 5 ~ 10 分钟或用 20 毫克/升高锰酸钾溶液浸泡 20 分钟，以杀灭体表病菌及寄生虫，放养时细致、快速、不伤鱼体，运鱼水温和稻田水温温差不大于 3℃。秧苗返青后，暂养池暂养的鱼苗放入稻田开始成鱼养殖。待秧苗返青后，选择晴天的中午，把清晨空腹不喂的雏鸭运到所选固定宿营的田埂上，放上饲料，饲喂后任其自由入田活动和觅食。

四、日常管理

1. 控制水位

秧苗生长前期田水要做到薄水栽秧、活水返青，返青后水深控制在 5 厘米左右促进水稻分蘖。注意选择连续晴天保持水面比垄面低 10 厘米时放水晒田。晒田结束后加深水位至 10 ~ 15 厘米，水稻收割前 10 ~ 15 天，降低田水，以环沟水面低于田面 10 厘米为宜，让鱼类集中在环沟内生活，并便于水稻机械收割。坚持每 15 天加注 1 次新水并使用氯制剂或生石灰对稻田水体进行消毒。水体消毒 2 ~ 3 天后，施用光合细菌或 EM 菌培养水体藻相。

2. 饲料投喂

坚持"四定三看"原则投喂，投饲量为田鱼总重的 3% ~ 5%，投喂专用浮性料到食台，具体视田鱼吃食情况和天气情况增减，做到定时、定量、定位、定质。田鸭可辅助投喂玉米、小麦等粗粮，促快速成长，可每天进行一次辅助饲喂。投喂量根据稻田内的杂草和水生小动物数来判定。

3. 病害防治

苗种放养前，彻底清塘，消灭病原。运输过程中，避免对苗种造成损伤，下塘前要充分消毒。后期强化饲养管理，增强体质，提高抗病、抗逆能力，可每15天在10千克饲料中添加氟苯尼考5克、鱼用多维20克和三黄粉10克拌饲料投喂，连喂3天，可预防疾病。

五、效益

四川省成都市，在传统稻田养鱼的模式上，放入麻鸭，形成了新的鸭-鱼稻田养殖模式。该模式进一步增加了养殖效益，除了传统的稻米和稻鱼外，稻鸭还能额外增加一部分效益。在邛崃市，单单一只处理后的稻田鸭即可卖到80元，经济效益甚为可观（表6-1）。

表 6-1　鸭-鱼稻田养殖效益实例（亩均效益）

成本/元								收获			
苗种	饲料	渔药	肥料	育秧、插秧	人工费	田间工程	水、电、机械等	产品	亩产	单价	产值/元	纯收入/元
200	400	50	100	150	400	500	200	水稻	500 千克	4 元/千克	2000	2700
								田鱼	60 千克	25 元/千克	1500	
								田鸭	15 只	80 元/只	1200	

第七章　泥鳅稻田养殖技术

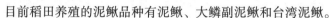

目前稻田养殖的泥鳅品种有泥鳅、大鳞副泥鳅和台湾泥鳅。

泥鳅是一种分布较广的小型经济鱼类，属鲤形目，鳅科。泥鳅属于泥鳅属，大鳞副泥鳅属于副泥鳅属。在养殖生产中，习惯把大鳞副泥鳅与泥鳅统称为泥鳅。泥鳅营养丰富，肉质细嫩、清淡、鲜美，可食部分占 80% 左右，并且具有滋补药用功能，所以历来为人们所喜食。国内市场需求量每年为 40 万~60 万吨，国际市场对我国泥鳅的需求订单也年年增加，尤其是日本、韩国需求量较大。随着我国提出"一带一路"倡议，必然会拉动我国泥鳅在国际市场的销路。

泥鳅肉中含蛋白质 18.4%~20.7%，脂肪 2.7%~2.8%，灰分 1.6%~2.2%，每 100 克泥鳅肉含维生素 A 70 国际单位、维生素 B_1 30 微克、维生素 B_2 440 微克、钙 51 毫克、磷 154 毫克、铁 3 毫克，并含有较高的不饱和脂肪酸。从 2012 年起，台湾泥鳅以其个体大、生长快、易饲养、蛋白质含量更高的优势在水产养殖界异军突起，在全国各地非常受欢迎。

第一节　生物学特性

一、形态特征

泥鳅头尖吻前凸，形体小，体细长，前段略呈圆筒形，后部侧扁，尾部侧扁，腹部圆，身短，皮下有小鳞片，侧线不完全。体色随栖息环境不同而有很大的变异，主要与水质和底质等有密切的关系，一般体背部及两侧灰黑色，下部浅黄色，腹部棕黄色（雄鳅带红色），背部两侧各有一条棕黄色纵纹，雄鳅更加明显。全体有许多小的黑斑点，头部和鳍条也有许多黑斑点，尾柄基部有明显的黑斑，体表黏液丰富。

大鳞副泥鳅地方名大泥鳅，体近圆筒形，头较短，体型长，最大个体可长达 300 毫米，侧扁，体较高，腹部圆；口下位，呈马蹄形；下唇中央有一小缺口；鼻孔靠近眼，眼下无刺；鳃孔小；头部无鳞，体鳞较泥鳅为大，稍厚；侧线完全；须5对；眼被皮膜覆盖；尾柄处皮褶棱发达，与尾鳍相连；尾柄长与高约相等；尾鳍呈圆形；肛门近臀鳍起点；体背部及体侧上半部呈灰褐色，腹面呈白色；体侧具有许多不规则的黑色、褐色斑点；背鳍、尾鳍具黑色小点，其他各鳍灰白色。雌鱼较少。

台湾泥鳅体型长且略扁，并远长于泥鳅和大鳞副泥鳅。其口下位，呈马蹄形；头部无鳞，吻不向前凸出；口须5对，口须较短，接近或稍超过眼后缘；头小，尾柄长与高约相等；体色呈浅灰白色；体侧具有许多不规则的黑褐色斑点。

窍门　台湾泥鳅的辨认：台湾泥鳅背鳍后左右侧线鳞上面有长2厘米左右的肉质凸起。

二、生活习性

泥鳅生命力强，适应能力强，除了用鳃呼吸外还能利用肠道和皮肤呼吸，因此耐低氧能力强。泥鳅多栖息于静水或微流水中，因此可以利用各种浅水水体，如稻田、低洼地、坑塘等水体养殖，只要土壤湿润就能成活，比其他鱼类更易避开稻田施肥、打农药和晒田的矛盾。一般养过泥鳅的稻田，第二年不必再投放鳅苗或亲鳅。泥鳅、大鳞副泥鳅和台湾泥鳅的生活习性相似，均为杂食性底层生活的鱼类，生长水温为15~30℃，最适水温为25~27℃，水温大于34℃时钻泥避夏，小于10℃入土越冬，洞穴深10~30厘米。

三、食性

泥鳅是杂食性鱼类，但对动物性饲料有一定倾向性，而且在摄食动物性饲料时生长速度会明显加快。生长发育的不同阶段摄取食物的种类有所不同。幼鱼阶段取食动物性饲料，主要摄食浮游动物和摇蚊幼虫、丝蚯蚓等底栖生物。当其体长约8厘米时转变为杂食性，除了摄食小型甲壳类、摇蚊幼虫、丝蚯蚓、昆虫幼虫、蚬、幼螺、蚯蚓外，还摄食丝状藻及植物的根、茎、叶碎片和种子，有时也摄食池底泥渣中的腐殖质。当泥鳅体长大于10厘米以后，则以摄食植物性饲料为主，兼食部分适口的动物性饲料。成鱼阶段，胃中的昆虫幼虫，特别是摇蚊幼虫明显高于幼鱼。泥鳅的食性很广，在泥鳅胃中的食物团里，腐殖质、植物碎片、植物种子、水生动物的卵等的出现率最高，约占70%，其他如硅藻、绿藻、蓝藻、裸藻类、黄藻、原生动物、枝角类、桡足类、轮虫等占30%。

四、繁殖习性

泥鳅一般二冬龄即可性成熟，为多次产卵鱼类。长江流域泥鳅生殖季节在4月下旬，水温达18℃以上时开始产卵，直至8月，产卵期较长。盛产期在5月下旬至6月下旬。每次产卵的时间较长，一般4~7天时间才能结束排卵。

泥鳅怀卵量因个体大小而有差别，一般怀卵8000粒左右，少的仅几百粒，多的达十几万粒。泥鳅产卵期在4~9月，5~7月达到繁殖盛期。当水温达到18~20℃时，成熟的泥鳅开始自然繁殖。雌鳅产卵时间一般在清晨和夜间。泥鳅常选择有清澈水流的浅水水域，如稻田、池边、湖沼和沟渠等有水草的地方作为产卵场。发情时常有数尾雄鳅追逐1尾雌鳅，并不断用嘴吸吻雌鳅头、胸部位，最后由1尾雄鳅拦腰环绕挤压雌鳅，雌鳅经如此刺激便激发排卵，然后雄鳅排精。每次产卵200~300粒，经过多次反复方可将卵产完。受精卵产出后具弱黏性，黄色半透明，能黏附在天然水草形成的鱼巢上。一般在水温19~24℃时，经2天即可孵出鳅苗。

刚孵出的鳅苗长3毫米左右，以卵黄囊中的卵黄为营养，不摄食。身体呈透明的点状，吻端具黏着器，可附着在鱼巢和其他物体上，保持相对静止的状态。约经8小时色素细胞出现，使鳅苗体表渐变为黑色。鳃丝延长裸露在鳃盖外，成为外鳃，完成气血交换。约3天后卵黄囊被吸收殆尽，鳅苗进入体外营养阶段，开始摄食水环境中的开口饲料。约经20天，鳅苗可以长到15毫米左右，鳅苗具有了成体泥鳅的外部形态特征，肠呼吸功能出现，成为泥鳅重要的辅助呼吸方式，对环境的适应能力大大增强。

第二节　田间工程

一、稻田改造

稻田改造可参照本书第二章修建环沟和暂养池，设置农机通道、进排水设施、防逃设施和安全警示牌。养泥鳅的稻田环沟上宽1.5米，下宽60厘米，深1米即可。可在田埂内四周用60~80目网片围起，网片高出水面60厘米，再埋入田下30厘米以防泥鳅逃逸。为了便于以后起捕，可在暂养池池底铺一层农用塑料薄膜，再在薄膜上铺20~30厘米厚的淤泥。

二、防鸟设施

防鸟可用防鸟网。为了便于田间管理和操作，先用不生锈的钢丝拉成网形后，用毛竹撑起离水面2米以上，便于机械和人工操作及收割机收割。

三、食台

在环沟中用有尖角塑料瓦搭建食台以便观察鳅苗吃食情况（尖角可插入田埂中以固定食台），一般每亩搭建3~5个，同时做到定位、定时、定量、定质投喂。

第三节 苗种放养

一、前期准备

1. 消毒

放养前10~15天，每亩稻田用50千克生石灰消毒。

2. 施用基肥

翻耕、曝晒、打碎泥土后，水稻栽种前半个月施有机肥100千克/亩，培育浮游生物饲料。

二、苗种来源

1. 自然繁育苗种

5、6月泥鳅繁殖季节时，可从稻田、河沟、湖泊的浅水区捕捞到自然繁殖孵化的苗种。夏季雨后鳅苗集中于稻田的注水口、河沟跌水处等有流水地方，可张网捕捞天然鳅苗。

2. 人工繁殖苗种

可从泥鳅良种场或国家认定的水产苗种生产单位选择鳅苗。

三、苗种运输

1. 准备工作

运输用水一定要清洁，水温和泥鳅暂养池的水温要一致，温差最大不能超过2℃。为了提高运输成活率，可用小塑料袋包些碎冰块放入运鱼水中。也可以在起运前，将装好鳅苗并充满气的塑料袋，先放入冷水中 10～20 分钟，以降低水温，减缓泥鳅的新陈代谢活动，提高运输的成活率。

2. 运输方式

鳅苗采用塑料袋充氧运输，运载用的塑料袋规格为 60 厘米×100 厘米，双层，每袋装 1/2～1/3 清水，放 10 万尾水花，装好后充足氧气，扎紧袋口，再放入硬质纸箱内即可起运。

> 鳅苗装多少与运输时间、气温和鳅苗的规格有关，要根据上述 3 个因素灵活调整。

四、苗种投放

选择健康活泼、规格整齐的苗种。放养密度为每亩稻田 1 万～1.2 万尾，规格为 3～4 克/尾。鳅苗可在暂养池中暂养，使其适应环境，到 6 月初秧苗成活、田内水质稳定后一次性放足，同时可套养 10～30 尾花白鲢鱼种。

放养时需避开高温、大风大雨等极端天气，水温差小于 2℃，用 3%～5% 食盐水浸泡鳅苗 5～10 分钟，以杀灭体表病菌及寄生虫。

第四节 饲养管理

一、日常管理

1. 巡田

每天巡田 2 次，检查防逃设施，特别是雨天注意仔细检查漏洞。防止天敌入侵（如水蛇、鸭、白鹭等），观察泥鳅的活动和摄食情况。检查有无死鱼，发现死鱼时应立即捞出，并检查死因，采取防治措施。严禁含有甲胺磷、毒杀芬、呋喃丹、五氯酚钠等剧毒农药的水流入。

2. 防暑降温

由于稻田水浅，酷暑时水温有时达 38～40℃，必须采取相应措施，及时加深水位。

二、投饲管理

鳅苗放养后的 3～5 天内少量投饲料。饲料为泥鳅专用配合饲料，粗蛋白质含量 35% 以上。初养阶段，傍晚投饲料，以后逐渐提早投饲料时间，经过 1～2 周驯化，即可形成每天 9：00、18：00 的集群摄食习惯。

第七章

投饲率1%~3%，以1~2小时内吃完为宜。

三、水质管理

保持水质清新、肥活、溶解氧丰富。初期灌注新水，扶活秧苗，分蘖后期加深水层，控制无效分蘖，高温季节加深水位15厘米左右，以利于泥鳅生长。暴雨时及时排水，以防田水外溢泥鳅外逃。生长期间换注新水，每次换水量20%左右。

第五节　疾病防治

一、疾病预防

坚持"预防为主，防治结合"原则，泥鳅生长期间，每15天向田沟中泼洒石灰水，每立方米用生石灰10~15千克，化水泼洒。

二、疾病治疗

1. 泥鳅烂鳍病

（1）症状特征　病原为短杆菌。原因多由于养殖水体水质恶化或鱼体受伤。本病夏季易流行。初期症状表现为鳍条基部充血，鳍条附近的皮膜腐烂，背鳍附近表皮脱落明显，呈灰白色。严重时鳍条脱落、肌肉外露、红肿，腹部和体侧出现红斑，逐渐变成深红色，肠管糜烂，停止摄食，衰弱致死。

（2）防治方法

1）始终保持养殖水体水质良好，减少病菌繁衍，避免鱼体受机械损伤。

2）用0.3~0.5克/米^{3}聚维酮碘（10%）全田泼洒，连续3~4天。

3）全田遍洒0.5~0.6克/米^{3}强氯精（含有效氯90%），连续3~4天。

4）1克/米^{3}漂白粉水溶液或0.2克/米^{3}二溴海因全田泼洒，连续3~4天。

2. 泥鳅打印病

（1）症状特征　病原为点状产气单胞杆菌，7~9月为主要流行季节。患病泥鳅身体上表皮溃烂、浮肿，呈椭圆或圆形红斑，红色患部主要在尾柄两侧，似打上印章。

（2）防治方法

1）20克/米^{3}生石灰或1克/米^{3}漂白粉化水泼洒，连续3~4天。

2）用 0.3 克/米³ 的溴氯海因全田泼洒，连续 3～4 天。

3）对患病成鳅还可用 2% 的苯酚或漂白粉直接涂于患处。

3. 泥鳅赤皮病

（1）症状特征　赤皮病又称擦皮瘟、皮瘟，病原为荧光假单胞菌。该病一年四季均可流行，多由鳅体擦伤、水质恶化引起。病鳅体表充血发炎，鳍、腹部皮肤及肛门周围充血，溃烂；胸鳍、尾鳍充血并烂掉；鳍条间的组织常被破坏呈扫帚状。

（2）防治方法

1）养殖过程中保持水质良好，避免鳅体损伤。

2）1 克/米³ 漂白粉化水全田泼洒，连续 3～4 天。

3）0.3 克/米³ 二氯异氰脲酸钠化水全田泼洒，连续 3～4 天。

4）0.2～0.5 克/米³ 双链季铵盐兑水全田泼洒，连续 3～4 天。

4. 细菌性肠炎

（1）症状特征　病原为肠型点状气单胞菌。病鳅肛门红肿、有黄色黏液溢出。肠内无食物或后段肠有少量食物和消化废物，肠壁充血呈红色，严重时呈紫红色。病鳅常离群独游，动作迟缓、呆滞，体表无光泽，不摄食，最后沉入池底死亡或窒息而亡。水温 25～30℃ 时是发病高峰期，死亡率高达 90% 以上。

（2）防治方法

1）用 50 毫克/升的高度白酒浸泡 5 克大蒜素 3～7 天，待酒液中含有浓郁的大蒜素味后，拌入 10 千克蚯蚓浆或 4 千克精饲料中投喂，连喂 3 天。

2）每 100 千克泥鳅每天用干粉状地锦草、马齿苋、辣蓼各 500 克，食盐 200 克拌饲料投喂，分上午、下午 2 次投喂，连喂 3 天。

3）病情严重时，用鲜蟾酥 10 克化水搅拌均匀，全田泼洒，每 10 克蟾酥可用于 20 米³ 水体，每 3 天 1 次。同时，每 100 千克泥鳅每天可用 10 克肠炎灵拌饲料投喂内服，上午、下午各 1 次，连喂 3～5 天。

5. 泥鳅水霉病

（1）症状特征　水霉病又称肤霉病或白毛病，病原为水霉真菌，一年四季均可发生，水质较清的水体易生长繁殖，病情高发温度为 13～18℃，尤其在苗种下田时水温正适合水霉真菌的生长，因此为泥鳅苗种期间常见病之一。病症表现为泥鳅身上长出许多白毛。

（2）防治方法

1）生石灰彻底清塘，杜绝病菌来源，从而可有效防止本病的发生。

2）放苗前对池水严格消毒。

3）捕捞时操作要细心，防止鳅苗受伤。

4）对患病的苗种可用 2%~3% 的食盐水浸洗 5~10 分钟。

第六节 成鱼收获

一、起捕时间

对已经达到商品规格的成鳅，要及时起捕。泥鳅有钻土越冬的习性，因此捕捞宜早不宜迟，水温在 10℃ 以上，最迟 11 月左右起捕完毕。

二、起捕原则

采用捕大留小、分批捕捞的方法，当泥鳅达到商品规格后，即可捕捞上市。

三、起捕方法

1. 地笼诱捕

地笼内放上诱饵，傍晚下笼。笼放在泥鳅常出没地方，或接近食台。一部分露出水面，风大、气温低时地笼深放，闷热或雨天，地笼浅放。连续几天可起捕大部分泥鳅。

2. 放水捕捞

在进水口环沟底面，放一张和环沟面积等大的网片，缓慢排水，再从进水口缓慢注水，每隔 10 分钟左右提网 1 次，连续数次。夜间捕捞效果更好。

3. 干田捕捉

慢慢放干田水，使泥鳅集中到沟土裸露处捕捉。

提示　暂养池下面有农用塑料薄膜，因此在清田时将泥鳅诱入暂养池可全部起捕。

第七节 泥鳅稻田养殖高产高效实例介绍

江西省遂川县发展创新了泥鳅稻田一年单季、双季高产养殖模式。在 2016 年，遂川县泥鳅稻田养殖面积已达 620 亩，平均产量在 450~500 千克，经济效益相比水稻种植效益提高了 30%~40%。现将遂川县稻田高产养殖技术要点总结如下。

第七章

一、选择适宜的稻田

一是水源良好,水量充足;二是地势适宜,保水保肥;三是面积适度,稻田的面积以 1500 ~ 2000 米² 为宜。

二、田间工程

1. 池塘开挖

按 1500 ~ 2000 米² 的标准,用推土机将稻田约 40 厘米底泥推至四边,加固以做塘埂。这样推出的池塘,水深约 1.5 米(保水 1.2 米),塘埂宽约 2.5 米,水深合适,塘埂上挖设进排水渠,池塘以正方形或长方形为好。

2. 进排水设施安装

排水管内口设在池塘最低水位处。池塘内排水管和池塘外排水渠或排水管相接,池塘内排水口用活动水管相连并露出水面,可通过移动更换活动的管的方向来控制池塘水体的水深,池塘外排水水渠或排水管水位要低于池塘内最低水位。进水水渠或进水管在塘埂上开设,进水水位要高于池塘最高水位。

3. 防鸟设施建设

架设防鸟网,首先要在塘坝边打好钢桩(钢桩是长 3 米、直径为 10 厘米的钢管),将钢桩打入塘坝 1 米,再沿桩基挖开 40 厘米见方用水泥浇固,钢桩间距 4 米,取两面对边对设,两面钢桩及相邻钢桩之间用 5 号钢丝加固相连,架成棚状,再用聚乙烯防鸟网覆盖,加固建成防鸟网。

三、高产养殖技术要点

1. 鳅苗选择

下塘的鳅苗一般为 3 ~ 5 厘米的寸片,鳅苗要求活动自如、体质鲜明、全身光滑、规格一致、健康无病。

2. 放苗准备

放苗前用 75 千克/亩的生石灰对池塘带浅水消毒,3 天后注入适量的池水,每亩用 200 千克的有机肥培育水质,直至池水呈浅茶绿色,投放鳅苗。

3. 养殖模式

稻田养泥鳅模式分一年单季和一年双季模式。一年单季模式起捕规格一般为 40 ~ 50 尾/千克;一年双季模式在 7 月下旬起捕完第一批,起捕规格为 80 ~ 100 尾/千克,之后再养第二批,并于年底或来年春天起捕。

4. 投放密度

一年单季模式的放养密度为 5 万尾/亩，一年双季模式的放养密度为 8 万尾/亩。

四、日常管理

1. 调节水质

水池水颜色以茶褐色、能见度 20~25 厘米为好。当池水肥度达到一定程度时，要及时更换池水或施用光合细菌、芽孢杆菌等微生物制剂将肥度降下来，防止引起泥鳅缺氧死亡；池水太瘦时，要及时采取增施有机肥或增施芽孢杆菌加红糖的方法，增加池水肥度，防止害虫大量繁殖。

2. 饲料投喂

泥鳅饲料蛋白质含量前期不能低于 40%，中后期不低于 38%。饲料一天投喂两次，第一次在 8：00~9：00，第二次在 17：00。投喂量先以池中泥鳅重量的 3% 估算，投喂后以 20 分钟内吃完为好。

3. 病害防治

从鳅苗下塘时起，在池塘四角投食区两边采取挂袋的方式，用每袋 10 千克生石灰、60 克含量 90% 以上的晶体硫酸铜或 100 克含量 90% 以上的晶体敌百虫，按"生石灰→敌百虫→硫酸铜→生石灰→敌百虫→生石灰→敌百虫→硫酸铜→生石灰→……"的顺序，每 20~25 天换袋进行挂袋药物预防。

五、效益

养殖效益见表 7-1。

表 7-1　泥鳅稻田一年单季、双季养殖效益实例

类别	成本/元								收获			
	苗种	饲料	鱼药	微生态制剂	销售	工资	塘租	水电等	亩产/千克	单价/（元/千克）	产值/元	纯收入/元
一年单季	3000	6800	150	160	1300	50	600	20	1300	11	14300	2220
一年双季	9600	6400	300	320	2240	60	600	30	2240	11.5	25760	6210

第八章 河蟹稻田养殖技术

稻田养殖的河蟹，学名为中华绒螯蟹。河蟹稻田养殖是近年来迅速发展起来的新兴水产养殖模式，是一项利用稻田生态环境，提高农田产出的种养技术，能够有效利用稻田的空间，使得土地资源利用最大化，同时稻田的天然饵料也能得到有效利用，是一种适宜的立体生态养殖模式。稻田可为河蟹的生存提供一个适宜的生态环境，同时为其快速、健康生长创造可能，最终达到稻、蟹高产高收的目的。河蟹肉味鲜明，营养价值高，富含钙、磷、铁等微量元素，是颇受人们喜爱的水产品之一。

河蟹是我国久负盛名的水产经济动物，同时也是出口的水产品之一。河蟹的稻田养殖在长江中下游地区发展较快，技术经验积累颇多，对推进我国农业湿地种养殖业复合，促进农业技术成果转化，提高农业经济效益，起到了重要作用。因此，大力发展河蟹的稻田养殖模式对于农民增收增产，合理利用土地资源，建立农业生产产业化模式颇有益处。养殖要获得高产，其养殖过程的各个环节都需要严格把控，从养殖场所、养殖对象到后期的养殖管理，每一个环节的失控都会对产量产生或多或少的影响。

第一节 生物学特性

一、形态特征

河蟹，俗称大闸蟹、毛蟹（彩图 14），在分类上隶属节肢动物门，甲壳纲，软甲亚纲，十足目，方蟹科，绒螯蟹属。体近圆形，头胸甲背面为草绿色或墨绿色，腹面灰白，头胸甲额缘具 4 尖齿突，前侧缘也具 4 齿突，第四齿小而明显。腹部平扁，雌体呈卵圆形至圆形，雄体呈细长钟状，但幼蟹期雌雄个体腹部均为三角形，不易分辨。螯足用于取食和抗敌，其掌部内外缘密生绒毛，绒螯蟹因此而得名。4 对步足是主要爬行器官，长节末前角各有 1 尖齿。腹肢雌性 4 对，位于第二至第五腹节，双肢型，密生刚毛，内肢主要用以附卵。雄蟹仅有第一和第二腹肢，特化为交接器。

不同水系的河蟹在形态特征上存在一定的差异，在鉴别上还存在一定的难度，可综合形态特征、生物学特征、生化指标等方面来区分。

二、分布特点

世界上各大江湖中，共有300多种螃蟹，其中可供食用的大约20来种，而最负盛名的要数中国的河蟹。河蟹在世界上许多地方都可见分布，但唯在我国才形成特有的种群和特定的产量。河蟹在我国大部分地区都有分布，加上现在人工放流、池塘养殖、河道养殖的发展，河蟹几乎已遍及全国，但品质以长江下游固城湖的河蟹和河北的胜芳蟹最为著名。

不同水系的河蟹在生产性能上也存在很大的差异，其中以长江水系的河蟹最优，品质最好。

三、生活习性

河蟹喜欢栖息在水质清新、阳光充足、水草茂盛的江河、湖泊、坑塘中，水体溶解氧5.5毫克/升以上，pH一般要求7~8。常在泥岸和水草丛生的泥滩上挖洞穴居住，一般白天隐蔽在洞中，夜晚出洞觅食，找到食物后，往往将岸上食物拖至水下或洞穴边，再行摄食。长江中下游的大小湖泊是其最理想的栖息场所，水草在河蟹生长中有十分重要的作用，民间有"蟹大小，看水草"之说。

水草对于河蟹来说非常重要，在稻田养殖中河蟹打洞的情况相对较少，更多的是栖息在水草中。

河蟹感觉灵敏，行动迅速，它的神经系统和感觉器官十分发达，能在地上迅速爬行。由于步足在身体的两侧，迫使它适于横行，又因各对步足长短不等，故爬行时总是斜向前方。河蟹也有较强的攀爬能力，并可在水中做短暂的游泳。

河蟹有敏感的视觉，复眼由许多单眼组成，既可直立又可横卧，视野十分开阔。河蟹的嗅觉器官为一平衡囊，属于化学感受器，埋藏在第一触角的第一节中，可感受重力场的变化。刚毛是河蟹最简单的机械感受器，广泛分布在身体的表面，可感受压力和水流。同时河蟹喜弱光，畏强光，有趋弱光性。

注意

　　河蟹的反应异常灵敏，逃跑速度非常快，在夜间巡塘时需注意观察是否有逃窜情况发生。夜间巡塘时切莫强光直射，以免损伤其视觉。

河蟹依靠鳃呼吸，把氧气从外界输送到血色素中并带走废气。除鳃外，第一至第三对颚足也组成呼吸系统的一部分，其内肢可关闭入水孔，使河蟹在离水时不容易失水。泡沫是河蟹暂时离水后继续呼吸而产生的，它需要借助残留在鳃腔里的水进行呼吸，此时空气混入鳃腔，与残留的水再一起喷出来时形成泡沫。由于呼吸不断，泡沫就越积越多，泡沫在空气中不断破裂，发出淅沥淅沥的声音。

注意

　　恶劣的环境条件易损伤河蟹的鳃，重金属也容易损伤河蟹的鳃，在养殖过程中应密切关注养殖环境的变化，以免造成不可逆的损害。

河蟹是杂食性动物，摄食能力强，喜食动物性饲料，如鱼、虾、螺、昆虫等，尤其喜食腐臭的动物尸体。在植物性饲料丰富的环境下，河蟹也能摄食大多数的水生植物、蔬菜、浮萍等。河蟹的消化能力强，食量大，一昼夜可捕捉数只螺类，因此在饲料匮乏的情况下，河蟹常会自相蚕食或吞食自己抱的卵。

提示

　　河蟹具有自相蚕食和自切再生现象，当食物不足时，河蟹会出现大吃小的情况，蜕壳蟹是重点攻击目标；当出现危险情况时，河蟹会选择切断自己的任一附肢逃跑，在后续蜕壳时，逐渐长出新的附肢。

河蟹的生长过程是伴随着幼体蜕壳、仔幼蟹或成蟹蜕壳进行的，幼体每蜕一次壳就变态一次，也就分为"一期"，如大眼幼体蜕壳为第一期。从大眼幼体蜕壳变为第一期仔蟹始，以后每蜕一次壳它的体长、体重均做一次飞跃式的增加，从每只大眼幼体6~7毫克的体重逐渐增至250克的大蟹，至少需要蜕壳数十次，而每蜕一次壳都是在渡过一次生存大关。河蟹蜕壳时，常选择比较安静的地方进行。在湖泊中喜欢在水草中进行，池塘养殖时，则喜欢在有一定斜坡的池边浅水处进行。河蟹的蜕壳是从后部开始的，首先是头胸甲与腹部交界的地方产生裂缝，并在口部两侧的侧板处也出现裂痕，蟹背逐渐隆起，裂痕越来越大，束缚在旧壳里的新体逐渐显露壳外，由于腹部向后退缩，两侧的肢体不断摆动，并向中间收缩，使末对步足先获自由，继而腹部和其他附肢也相继蜕出，螯足因比较粗壮而最后蜕出。刚蜕壳的"软壳蟹"软弱无力，也不摄食，容易遭同类或敌害攻击。河蟹在蜕壳的过程中，如遇到干扰蜕壳时间会延长或停止，也有河蟹因多种原因而蜕不下壳，蜕壳不遂会立即死亡。河蟹每次蜕壳的时间在15~30分钟。

提示　生长蜕壳与生殖蜕壳：河蟹在生长和繁殖时都要蜕壳。河蟹每蜕一次壳个体体积将增大，称为生长蜕壳；在生殖季节，繁殖前将蜕一次壳，由黄壳蟹变成青壳蟹，称为生殖蜕壳。

四、繁殖习性

河蟹是淡水中生长，海水中繁殖的蟹类，具有"生殖洄游"的繁殖习性，当性成熟时，便离开生活的淡水区域，进入大海进行繁殖。河蟹属于高等甲壳动物，雌雄异体，头胸部的腹面为腹甲，性腺位于背甲之下。腹甲周缘密生绒毛，中间有一凹陷的腹甲沟。腹甲原分7节，但前三节已愈合为1节，所以外观为5节。河蟹的生殖孔即开在腹甲上，雌雄生殖孔开口的位置不同，雌孔位于愈合后的第三节，雄孔位于最末节。雌性附肢4对，着生在第二至第五腹节上。每个附肢自柄部分出内肢和外肢，内肢上的刚毛细而长，有30~40排，是产卵时卵粒附着的地方，外肢刚毛粗而短，有保护卵群的作用。雄性附肢生于第一、第二腹节上，有两对已转化为交接器。河蟹雌性生殖器官包括卵巢和输卵管两部分。卵巢为相互通联的左、右两叶，呈"H"形。卵巢成熟时非常发达，呈紫酱色或豆沙色，可占满背甲下大部分空间直至延伸到腹部前端。雄蟹精巢乳白色，也为左、右两个。

　　河蟹在自然生活条件下，自寒露至立冬，河蟹便开始生殖洄游，这一阶段性腺发育迅速。立冬以后，性腺完全发育成熟，此时的河蟹可以交配产卵。但是，如果外界环境条件得不到满足，雌蟹卵巢就会逐渐退化。海水盐度是雌蟹产卵受精的一个必需的外界环境条件。河蟹在淡水中虽能交配，但不能产卵，只要海水盐度在8‰～33‰，雌蟹均能顺利产卵，盐度低于6‰，则怀卵率降低。体重为100～200克的雌蟹，怀卵量5万～90万粒，也有越过百万粒的。河蟹第二次怀卵，怀卵量普遍少于第一次，只有数万至十几万粒，第三次怀卵时怀卵量更少。在自然界中，河蟹受精卵黏附在雌蟹腹肢上发育，直到孵出为止。影响胚胎发育快慢的主要因素是水温。水温23～25℃，只要半个月时间幼体就能孵化出膜；水温在10～18℃，受精卵胚胎发育需要在1～2个月内完成。受精卵必须在海水中才能维持正常发育，如中途进入淡水环境，则胚胎发育终止，并逐渐溶解死亡。

　　在自然条件下，受精卵需经过4个月左右方能孵化出苗，刚出生的幼体称为溞状幼体，经过5次蜕壳和30～40天的生长变成大眼幼体，即通常所说的蟹苗。蟹苗有很强的溯水性，会跟随潮汐进入淡水河口，形成蟹苗汛。

　　河蟹属于生殖洄游性动物，在稻田养殖扣蟹时，一定要选择淡化好后的蟹苗，否则会出现大面积死亡的情况。

第二节　田间工程

　　稻田养殖河蟹，相比于传统池塘和湖泊养殖，充分利用了环境空间进行生态养殖，提高了农民的收入，节约了土地资源，减少了外来物品对生态环境的影响。为了能达到高产高效，稻田养殖河蟹须对田间工程进行适当改造。应选择相对集中连片、水源充足、排灌方便、无旱涝危险的田块进行平整，田块形状及面积因地制宜，尽量改造为规则形状，弯埂改直，小田改大。具体可参照本书第二章。

　　河蟹非常聪明，特别是在暴雨等极端天气条件下，一旦出现可逃跑的缺口，短时间内大量河蟹就会通过这一缺口逃跑，损失非常严重。

窍门

在蟹苗下塘后，水稻和水草还未生长茂盛时，尤其需要注意防敌害。

第三节　苗种放养

一、前期准备

1. 稻田的消毒与施肥

稻田的消毒可选择干法消毒，在 5 月中旬，灌注水之前，向全田泼洒生石灰。其用量为每亩 75 千克，均匀泼洒全田消毒。消毒之前应首先进行清塘工作，主要是清除蟹沟中的大量淤泥，可在日光下曝晒几天。稻田适度施肥，可以为水稻生长提供所需养分，同时也可培养浮游生物作为河蟹的天然饵料生物。施肥分为两种，一种是在放养前施基肥以培养浮游生物和提供水生生长养分，另一种是在养殖过程中为保证足够的浮游生物，及时、少量、均匀地施追肥。最好选用有机肥培肥水质，以利于长期、持续的保有浮游生物，如果是连片生产、种植面积比较大而有机肥又无法充足供应的情况下，可施用有机复合肥。稻田养殖河蟹投放前适度施肥，一般放养后不需要施追肥，如果发现稻田脱肥时，再少量施追肥。注意施肥均匀，不要使局部含量过高造成水稻烧苗现象。

注意

消毒时需注意以下事项：

① 消毒时间要恰当，不要太早也不能太迟，一般在河蟹下塘前 10 ~ 15 天进行比较合适。

② 河蟹苗种下塘前必须进行试水，确认无毒后才能投放蟹苗。

③ 为了提高药物消毒的效果，建议选择在晴天中午进行药物消毒。

2. 构筑栖息地

放苗前可在环沟内移植伊乐藻、苦草、轮叶黑藻、水花生等水生植物，这样一方面可为河蟹提供适口的植物性饲料，另一方面可为河蟹生长提供良好的遮蔽、躲藏、栖息和蜕壳场所。注意水草不能将环沟水面完全遮蔽，其覆盖面积占环沟水面的 1/3 即可。水草栽培应在投苗前5 ~

7 天进行。需注意的是水草栽培前需用 0.5 千克生石灰溶于 50 千克水，将水草放置溶液中浸泡 10 分钟再栽培，有利于杀灭水草中的有毒有害物质及病原体。

　　水草的栽培方法视实际情况可以使用栽插法、抛入法、播种法、移栽法、培育法等。

二、蟹种的选择与暂养

　　稻田养殖河蟹可分为养殖扣蟹与成蟹两种，养殖扣蟹是在稻田中投放蟹苗（大眼幼体），将蟹苗经过 4 个多月的饲养，培育成 150 ~ 200 只/千克的蟹种（扣蟹）；养殖成蟹是在稻田中投放蟹种，将蟹种经当年饲养，培育成 125 克/只以上的成蟹，直接上市销售。

　　成蟹养殖应选择活力强、肢体完整、无病无伤、规格整齐、体色有光泽的一龄幼蟹。最好每 100 ~ 200 只/千克（5 克/只左右为宜）。蟹种入池前要严格消毒，可用 3% 的食盐水浸浴 5 ~ 10 分钟，也可用 20 ~ 40 毫克/升的高锰酸钾浸浴 5 ~ 10 分钟。暂养密度每立方米水不应超过 500 只。

　　稻田养殖河蟹可分为养殖扣蟹和成蟹两种情况，两者除了投放的蟹苗规格和密度不同外，其他管理措施和生产方法都是一致的。

三、蟹苗投放

　　选用健康、活泼、规格整齐的蟹苗放养，要求淡化时间在 7 天以上。放养时间一般在 5 月初开始，扣蟹放养量为 0.2 ~ 0.3 千克/亩（3 万 ~ 4.5 万只）。先将蟹苗投入暂养池中，待其变成Ⅲ期幼蟹后，拆去暂养池与环沟之间的隔断，让蟹苗自行进入环沟中。蟹苗放养前需用 3% 的食盐水浸泡 5 ~ 10 分钟消毒。放苗前还应平衡水温，可先将装有蟹苗的充氧袋（网兜）放入水中 3 分钟，再提出水面 10 分钟，反复数次，之后开袋将蟹苗放入暂养池中（图 8-1）。

　　稻田养殖河蟹成蟹时，建议放养规格为每只 5 克左右，一般放养密度为 500 只/亩，将获得最大的经济效益，因此综合考虑养殖过程中的各种因素，如死亡、逃跑等，建议的养殖密度为 500 ~ 520 只/亩。

注意　　稻田养殖河蟹投放密度一定要适宜，切忌肆意增大密度，否则在气温较高时很容易造成河蟹缺氧死亡，而且将大大提高疾病发生的概率。

图 8-1　蟹苗投放

四、蟹种投放时间

待水稻秧苗返青后，要及时将暂养池中的河蟹放入稻田，经试水后即可将蟹种从暂养池中移入稻田，应在 6 月初完成投放。

窍门　　一定要待秧苗返青后再下蟹种，防止河蟹破坏稚嫩的秧苗，造成水稻减产。

五、河蟹人工繁殖和育苗技术

目前我国河蟹产业发展迅猛，但受种质退化、育苗技术和生态环境等条件制约，河蟹品质呈逐年下降态势，疾病多发，从而严重影响河蟹产业的可持续、健康发展。因此，进行河蟹人工繁殖和苗种培育，提高河蟹苗种的质量水平迫在眉睫。

提示　　种质资源退化的品种繁育出来的苗种容易发病，生长情况不佳，应选择亲本来源明确的良种场购买。

1. 亲蟹的选择及强化培育

河蟹的品种和规格是提高河蟹种质的关键指标，必须严格选取性腺发育良好的二龄健康优质亲蟹，雌蟹规格不低于100克/只，雄蟹规格不低于150克/只，雌雄蟹比例为（2~3）∶1。将选取好的亲蟹运输至育苗场，用10毫克/升高锰酸钾溶液浸浴30~50分钟后，对其进行强化培育，投喂营养丰富的活沙蚕、鲜蛤肉等动物性饲料和适量的植物性饲料（两者比例控制在3∶2左右），并注意补充维生素，以便为亲蟹产卵孵化积累足够的物质和能量。亲蟹的放养密度宜控制在3~4只/米²，在亲蟹的培育过程中要及时换水，保持良好的水质，并对培育过程进行全程跟踪监管，避免使用违禁药物。雌雄蟹交配后宜在低温环境下培育，升温要循序渐进，升温幅度每天不超过1℃，且中间应有停顿时间，避免对胚胎产生不良影响。

河蟹的亲本选择是决定苗种质量好坏的先决条件，苗种培育时要特别注意亲本质量。

2. 育苗池改造及水质调控

育苗首先要进行生态育水，只有把育苗池水环境的质量控制好，才能使育苗生产达到理想的效果。河蟹生态育苗池塘以面积2~3亩、深度2米左右为宜，形状近似正方形或圆形，且保持池底平坦无淤泥。池塘清整消毒后，注入经沉淀过滤后的海水并进行肥水和消毒。海水盐度控制在20‰~22‰，注水时用60~80目的筛绢网过滤，水深控制在1米左右。肥水可以采用发酵鸡粪，施用后用2毫克/升的氯制剂（以有效氯计）给池水消毒，利用茶籽饼清池，直至池水透明度达30~40厘米时，即可放入待产抱卵亲蟹。此外，活体轮虫能否充足供应直接决定了河蟹大眼幼体的产量与质量，因此在开始选址建池时就必须充分考虑轮虫的生产量，河蟹育苗土池面积与轮虫培养池面积比例不宜小于1∶1。

控制好育苗池的水体盐度，过滤多余的杂质。使用生物肥料肥水时，一定要腐熟，否则容易破坏水质，造成苗种死亡。

3. 人工催产

人工催产的最适时间是池水温度稳定在10℃左右时。长江流域以当年12月至第二年3月上旬为宜。按雌雄比2:1将越冬亲蟹放入盐度为8‰~33‰的咸淡水或海水（最适盐度为17‰~20‰）池塘中交配。交配池的面积在1~2亩，底质为硬沙泥土。每平方米可放养亲蟹3~5只。配组后亲蟹即自行交配。交配后的第二天就能见到抱卵蟹；一周后抱卵蟹的数量可达70%~80%；半个月左右，基本上所有雌蟹已抱卵。此时应及时将雄蟹捕出，以防止雄蟹继续与雌蟹交配造成雌蟹死亡。再注入新鲜海水，将抱卵蟹留在池内孵化。必须强调的是，河蟹产卵要求硬沙泥的底质。

窍门　有条件的地方可使用天然海水，其余情况可使用海盐进行人工配制咸淡水，但需注意水体的盐度，依据情况适当调配。

河蟹受精卵产生黏性所需的时间很长，通常需8~9小时，这一点与产黏性卵的鱼类有明显差异。产卵时，雌蟹必须将身体埋在泥沙中，一可防止雄蟹干扰，避免受精卵流失；二可形成腹部附肢刚毛搅卵及黏卵的环境，防止受精卵在搅卵阶段从腹脐两侧及上端流失。试验证明，在无泥沙的水泥池中进行人工催产，由于无法形成良好的抱卵、黏卵的生态环境，尽管雌蟹的产卵数量很多，但往往抱卵量很少，有部分雌蟹只产卵不抱卵。河蟹的怀卵量很大，一般体重在125~200克的雌蟹，怀卵量达30万~90万粒。应该为抱卵蟹选择合适的浅滩进行孵化。

提示　孵化过程中，要及时挑出散落或死亡的卵粒，防止卵粒感染水霉病。

4. 人工孵化

如生产早繁苗，入冬以后需要加温促进受精卵的胚胎发育。加温促孵期的温度为9~19℃。升温期要注意每天升温不能超过1℃，控温的时间不少于49天，有效积温在16000℃。此外，如果抱卵蟹胚胎发育过程中未经越冬低温期，直接加温促孵，往往会造成溞状幼体发育不良，死亡率比较高。胚胎发育过程中要注意海水的水质和盐度变化，防止盐度和温度骤变，以免胚胎死亡。当心跳超过150次/分钟时，胚胎已临近孵化，这时应将抱卵蟹移出池中，将胚胎发育一致的抱卵蟹放入蟹笼中，每笼（100升）放10~15只，等待孵化。然后将孵出的溞状幼体收集起来，放散于育苗池中。

注意

　　胚胎发育过程中要注意海水的水质和盐度变化。

5. 苗种培育

　　幼体的布幼密度至关重要，幼体的培育密度也是作为水质调控手段之一。在布幼前 10 天左右，对育苗池用 30 ～ 50 克/米³ 的漂白粉消毒，5 ～ 7 天后，池水的透明度一般在 50 厘米左右，pH 在 8.2 左右。当亲蟹胚胎发育到心跳期，并且每分钟跳动 150 次以上，卵的颜色已明显发白时，就要开始准备布幼。此时可以挑选发育速度同步的亲蟹放入容器中，用聚维酮碘消毒后装入笼中，放于育苗池的上风口处。一般每亩育苗池用亲蟹 50 只左右。河蟹育苗切忌盲目追求高密度布幼，布幼密度控制在每立方米水体 20 万 ～ 35 万只，否则在苗种生产过程中过量投饲料、幼体排泄物及水中有机质的增加均会影响育苗水质并诱发幼体疾病的发生，导致成活率下降。池内水质的调控通过适当添加和换水的办法解决，也可以采用光合细菌、芽孢杆菌等微生态制剂改善育苗水质。同时，布幼时要求池中有一定数量的浮游植物并接入适量轮虫。在投饲料前后，应仔细观察幼体的活力、摄食情况，及时调整投饲量，并对饲料进行精心管理。

窍门

　　河蟹育苗切忌盲目追求高密度布幼，所有工具均需消毒使用。遵循"少量多次"的投喂原则，既要保证幼体吃得饱、吃得好，又要避免饲料过剩。

6. 起捕时间和淡化管理

　　大眼幼体从池塘里捞出时间的早晚直接影响到以后淡化苗的质量，起捕时间早了苗体娇嫩，伤亡较大；起捕晚了苗体已接近变态，有下沉的可能，影响到苗的产量，所以捕苗的时间早晚必须掌握好。起捕主要采取灯诱和拉网两种方法，在晚上用灯光诱惑后用抄网把大眼幼体捞到容器中。在育苗前期，温度较低，溞状幼体期 Ⅴ 期全部变成大眼幼体后 4 ～ 5 天起捕；后期温度较高，捕苗时间应在变态后 3 ～ 4 天进行。另外，在淡化过程中，要注意淡化水的消毒处理，保持一定的充气量；最重要

第八章

的是投饲料一定不要投足,一般能满足其摄食量的50%即可,这样可促使大眼幼体一直保持旺盛的摄食欲,防止一次投喂过足而造成其摄食减少甚至停食的现象,进而影响其质量。

> 苗种需要淡化后才能进行人工养殖和销售,淡化过程需特别注意水体消毒和水体溶氧量。

7. 合理用药与科学防病

河蟹育苗是一个高风险的行业,不能打着"无病防病"的旗号滥用药物,以环保、生态的方式对幼体进行科学的防病治病是提高苗种质量及产量的重要举措。河蟹的苗种主要疾病有弧菌病、聚缩虫病、丝状菌病等,这些疾病发病迅猛,几乎无药可治,但若做好疾病的预防,则可大大降低疾病发生的概率。因此,防病是河蟹育苗过程中的重要环节,引起蟹苗发病的原因除了病原体侵袭以外,还与蟹苗体质的强弱、水环境及饲料的好坏有直接的关系。如果单纯靠药物对蟹苗防病治病,那么苗种质量及产量将会下降,过量使用药物也会影响养殖过程中的成蟹存活率、生产程度、抗病能力等。因此应采取环保、生态的方式进行河蟹育苗及防病治病:①科学选取性腺发育良好的二龄健康优质亲蟹;②切断育苗操作过程中涉及的工具、水体、饲料中的病害,对废水排放进行监控;③布幼密度合理,对育苗的水质进行生态培育及调节;④投喂适口性好、营养丰富的优质饲料,使幼体能够正常生长发育,增强抗病力;⑤适当使用中草药制剂来提高河蟹幼体免疫力。

第四节 饲养管理

一、日常管理

1. 巡田和预防敌害

由于河蟹在大田内活动觅食,环沟内的水草是蟹的天然饵料,应加以保护,但塑料农膜旁边的野杂草就需及时清除,否则会成为蟹逃跑的工具。要求每天早晚各巡田一次,观察水质、水温、摄食情况及防逃设施是否完好等,发现异常情况及时处理。尤其是大风、暴雨天气要格外注意巡查,以免防逃网破损导致河蟹外逃。平时要注意防敌害,蛙类、蛇类、鼠、水鸟等均是河蟹的天敌,对于鼠可用捕鼠夹进行捕杀,蛙类、蛇类和水鸟由于是保护动物，只能进行人工驱赶，一般是设置防护网罩，有条件的地方，也可在稻田四周设置超声波驱鸟器驱赶水鸟。切忌使用播放声音的方式来驱赶水鸟，因为河蟹在蜕壳时如被惊扰，会造成蜕壳不遂而死亡。

> 巡田工作重点观察水质、饲料、摄食情况、进排水系统及防逃设施是否完好。在恶劣天气来临前，提早做好预防措施。

2. 加强防逃

主要注意以下几种情况：一是幼蟹初放期，由于对新环境不适应，天黑后蟹会爬出水面，寻隙逃逸，一周后逐渐减少；二是排水期和暴雨汛期，河蟹由于具有趋流性，可逆流而上爬向进水口处逃走；三是性成熟后，由于生理要求而逃逸；四是稻田水质恶化或饲料缺乏时逃逸。预防逃逸应在建好防逃设施的基础上，加强巡查，经常检查维修防逃设施，堵塞田埂漏洞，及时调节水质，合理投喂。

3. 促进河蟹集中蜕壳

每次蜕壳来临前，增加动物性饲料的投喂量（占50%以上），发现个别河蟹蜕壳，可泼洒生石灰3~5千克，同时适量投入水花生等水生植物，以增加河蟹蜕壳的附着物。在蜕壳期间一律不放水，增加投喂点，少量多次投喂。

> 河蟹蜕壳期间一定要注意为河蟹蜕壳提供适宜环境。河蟹蜕壳后，可集中回收蟹壳，售卖给饲料或生物制品公司（提取几丁质）。

二、饲料管理

1. 饲料品种

河蟹是杂食性动物，所以饲料来源比较广，常见的水生植物、陆生植物中大部分禾本科植物皆可食，谷实类（如煮七分熟的麦粒、玉米类、稻谷等）、饼粕类、糠麸类均为河蟹可食用的植物性饲料。河蟹也喜食动物性饲料，如螺类、底栖生物、屠宰场的下脚料、鱼虾类、蛆、蚯蚓等。除饲喂天然饵料外，还应补充人工合成饲料，以满足河蟹快速生长的需要。饲料组成，在饲养前期以高蛋白质动、植物性饲料为主，如野杂鱼、杂虾、螺肉、豆类、玉米等；在饲养中期注意荤素搭配，精青结合；后期以淀粉类饲料（如玉米等）为主。

2. 饲喂技术

以增加个体重量为重点，保证收获时个体均匀且较大。投喂时应坚持"四定"原则，即定时、定量、定质、定位。

定时即 8：00～9：00、18：00～19：00 投喂。

定量应依河蟹生长阶段、季节、具体气候而控制投喂量，不能"时饥时饱"，以投喂后 4 小时内吃完为宜，早上投喂量占 1/3、傍晚占 2/3，天然饵料以自由采食为主，平时人工合成饲料占蟹重的 2%。夏秋季节摄食高峰期配合饲料可增加到蟹重的 3%。

定质为动、植物性饲料比例为（3～4）：（6～7）。夏季动物性饲料比例可适当降低，防止水质恶化。一般前期以动物性饲料为主，中后期可搭配大量植物性饲料，但秋季时应加大动物性饲料的比重，以利于河蟹增肥。蟹苗到Ⅲ期幼蟹阶段，投喂经过蒸煮的鱼糜，日投饲量为稻田中河蟹总重量的 10%～15%，日投喂 8～10 次，甚至在夜间也要投喂；Ⅲ期幼蟹到蟹种阶段投喂碾碎的螺蛳、河蚌、杂鱼等动物性饲料和粉碎的玉米、豆饼等植物性饲料，投喂前加工成糊状，日投喂量为稻田中河蟹总重的 8%～10%，日投喂 4～6 次；蟹种到商品蟹阶段饲料与Ⅲ期幼蟹到蟹种阶段相同，日投喂量为稻田中河蟹总重的 5%～8%，日投喂 3～4 次。阴雨天或高温天气（水温高于 28℃时）少投或不投，经常在饲料中拌入高钙素、维生素 C 等，防止缺乏微量元素而引起蜕壳不遂，还可拌入 1% 的大蒜泥，防止肠炎。

定位即 25 米² 固定一个投喂点，投饲料要均匀，河蟹取食方便，生长均衡，商品规格较大，成活率与产量均较高。尽管这样做用工多，占地面积大，投喂费力，但经济效益显著。如果投饲不均匀，就会出现投饲处蟹成群抢食，大欺小，小的吃不饱的情况，走进田间会发现有许多小蟹在原地觅食烂稻根叶充饥，根本吃不到人工饲料。

高温的夏季，河蟹饲料需求大，此时更应注意饲料的投入量，切莫过多投喂，使得水质在短时间内急剧破坏造成病害的发生。

三、水质管理

水质是稻田养蟹的关键环节，既要满足水稻的生长要求，又不能使水质恶化。应根据水稻生长不同时期适时调整水位，蟹田换水需要注意水源清洁，无毒无污染。可按照"春浅、夏满、秋勤"的原则进行管理。春季为提高水温，有利于河蟹的蜕壳，稻田每7天换1次水，且注意水的温差不宜超过3℃，春夏季节每次换水量在1/3左右。对于秋季，河蟹的摄食旺盛，动物性饲料含量较高，加上气温高饲料腐败变质快，因此在这个时期应加大换水频率，以免出现翻塘现象，一般2~3天换水1次，每次换水1/3即可。需要注意的是，水流的微刺激有利于河蟹的蜕壳生长，加速蜕壳，但是在蜕壳期间只加水不放水。此外，环沟每月可用生石灰10~15千克/亩化水，全田泼洒1次，既可杀灭病害，又可补充河蟹需要的钙质。

气温较好或气候多变的季节。在河蟹蜕壳期间要及时补充钙质，防止河蟹成为"软壳蟹"。

第五节 疾病防治

一、黑鳃病

1. 症状特征

患病蟹鳃变黑色，行动迟缓，呼吸困难。

2. 流行特点

本病多发于养殖后期，由环境恶化而致。

3. 预防措施

平时要多注意观察，勤换水，定时用生石灰消毒，及时捞出死蟹。6~9月每半个月用三黄粉、大蒜素、氟苯尼考等拌饲料投喂2~3天，预防细菌性疾病。

4. 治疗方法

发病后用生石灰15~20克/米^{2}全田泼洒，连用2次。

稻田养殖河蟹，若进行科学投放和管理，发病的概率较小，但不能忽略疾病的预防。

二、水肿病

1. 症状特征

病蟹腹部、腹肌及背壳下方肿大，呈透明状，匍匐在池边、拒食，最后在池边浅水处死亡。

2. 流行特点

本病是河蟹在养殖过程中其腹部受伤感染病菌所致，好发于水温较高季节。

3. 预防措施

为预防本病，在河蟹蜕壳时，要尽量减少对河蟹的惊扰。

4. 治疗方法

发病后用 1～1.5 毫克/升漂白粉或 0.3～0.4 毫克/升三氯异氰脲酸钠进行全田泼洒，严重时连用 2 次；用 10% 的氟苯尼考混入饲料中口服，用量为 0.5%。

三、纤毛虫病

1. 症状特征

病蟹体表长着许多棕色或黄绿色绒毛，行动迟缓，对外界刺激无敏感反应，食欲下降甚至停食，终因无力蜕壳而死亡。

2. 流行特点

本病是由于不经常换水，残饵不及时清除，池水过肥，使纤毛虫类原生动物大量繁殖并寄生所致。

3. 预防措施

预防需平时多换水，保持水质清新。

4. 治疗方法

发病时用硫酸铜、硫酸亚铁（5∶2）合剂 0.7 克/米^3 蟹沟泼洒。

注意　水生动物疾病的防治遵循"防重于治"的原则，疾病发生时，应在准确查明致病原因后科学用药。

第六节　起捕收获

一、扣蟹收获

根据天气、水温、河蟹的吃食及活动情况决定起捕时间，一般在 9

月中下旬起捕，起捕前排干田水，采用地笼、灯光诱捕和人工捕捉相结合的方式捕捞，5天内收获总量的80%，过数计产后上市或暂养在附近的池塘内过冬。

二、成蟹收获

水稻收割后，将稻田中水位加高，正常投饲料，再养一段时间之后，在10月中下旬至11月开始捕捞河蟹，捕捞时间由气温和河蟹的价格而定，灵活掌握。捕捞方法以地笼、拖网和人工捕捉方法相结合，捕捞的成蟹可过数后分级出售。

第七节　河蟹稻田养殖高产高效实例介绍

2009年，宁夏开始稻田养蟹技术引入实验，实验总面积1000亩，分别在重点水稻种植区中卫市、青铜峡市和贺兰县试点，亩均净增效益1303元。到2012年，宁夏全区稻田养蟹（鱼）总面积达到13.7万亩，"蟹田稻"和"稻田蟹"的产量分别为8442万千克和249.7万千克，稻、蟹总产值4.2亿元，每亩增加纯利润1010元，种植土地的产出效益增加了2倍多。在生产成本持续上升、普通水稻价格相对低迷的情况下，宁夏稻田养蟹连续4年实现了亩增收1000元以上。

一、选择适宜的稻田

养蟹稻田选择较肥沃、保水性好、水源充足、进排水方便、无污染、水质清新、交通运输便利的壤土土质田块。一般以自然田块为单位，以集中连片规模经营。选择标准化农田区，进排水系统健全，桥、涵、闸等建筑物配套齐全，每块稻田独立灌排，自成系统。田周规整、田块平整，沟渠配套，灌排设施完备。

二、田间工程

1. 田间工程建设

结合宁夏引黄自流灌区条田一沟一渠布局，将稻田旁的排水沟利用起来，并在稻田内开挖环沟。排水沟面宽3米，沟深2米，长度60米；稻田四周开挖"口"字形蟹沟，与排水沟相通，沟宽60厘米，沟深50厘米，蟹沟面积为200米^2，约占稻田总面积的5%。

2. 进排水设施安装

每个田块进排水设施均独立成系统，开挖环沟时在稻田设置进水口和排水口，呈对角，进排水口要用双层密网片扎好，一方面防河蟹逃跑，另一方面避免注水时野杂鱼进入。

3. 防逃设施建设

用养殖河蟹专用的聚乙烯塑料薄膜对每一个养殖单元进行防逃围栏，在田埂中线内侧四周用 70 厘米高的竹竿做固定桩，竹桩间距 50 ~ 100 厘米，桩顶部用细绳互相连接。塑料薄膜总高 80 厘米，下部埋入土中 20 厘米，上部高出地面 50 厘米，塑料薄膜固定在木桩和细绳上，薄膜向稻田内侧稍许倾斜，拐角处呈弧形。

三、高产养殖技术要点

1. 水稻品种选择

宁夏引黄灌区主栽品种中宁粳 27 号、宁粳 36 号、宁粳 38 号、宁粳 40 号、宁粳 43 号均为适宜稻蟹生态种养模式下的水稻品种。

2. 蟹种选择

稻田养蟹可采取"一查二看三称重"的办法选购蟹种。"一查"是查清蟹种的来源和产地；"二看"是看蟹种规格是否整齐，附肢是否齐全，爬行是否活跃，性成熟蟹的比例是否过大，特别注意的是不能用性成熟蟹和小蟹做蟹种，否则会造成重大经济损失；"三称重"是采取随机取样的方法称重过数，凡规格比较整齐、爬行比较活跃的，均属质量比较好的蟹种。运输蟹种时切忌挤压，严防曝晒及风吹雨淋，以提高成活率。

3. 蟹种放养

蟹种放养密度一般为 30 ~ 50 只/亩。在投放前，用田水喷淋蟹种 3 ~ 4 遍，使其逐渐适应田水。在稻田四周，将扣蟹均匀摊开让其自行爬入田中，切不可将蟹种一次投入，以免环境变化太大，导致蟹种死亡。同时，打开河蟹的背壳观察鳃丝，使蟹鳃丝吸足水分呈分散光滑状态，然后用 10 ~ 20 毫克/千克的高锰酸钾或 3% ~ 5% 的食盐水消毒 5 分钟，以消灭蟹沟内和蟹体上的寄生虫与致病菌，提高放养的成活率。蟹种在插秧 10 天后放养。

4. 养殖模式

在稻蟹生态种养体系中，幼蟹在 4 月投放，9 月中下旬捕捞，生育期为 5 个月；水稻的播种期为 4 月 5 日左右，于 5 月 10 ~ 20 日移栽，9 月 15 ~ 25 日成熟，生育期约为 5 个月。稻蟹共生期一般为 5 个月。宁夏引黄灌区恰好在 9 月上旬进入停水期，河蟹在 8 月底进入增肥期，9 月

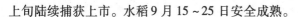

上旬陆续捕获上市。水稻 9 月 15 ~ 25 日安全成熟。

四、日常管理

1. 控制水位

水源要求无毒、无污染，把握好水位。pH 在 7.4 ~ 8.4，使水质呈碱性，以达到灭菌、消毒的目的。养蟹稻田水深要保持在 4 ~ 5 厘米，有条件的话可保持稻田微流水，来刺激河蟹食欲，增加蜕壳次数。5 月中下旬，蟹沟内水深通常保持在 0.4 ~ 0.5 米即可；6 月中旬可将蟹沟内水深提到与大田持平；7 月，可将蟹沟内水位提高到 0.5 米以上，田面保持 5 ~ 10 厘米水深，让河蟹进入稻田觅食；8 月水稻拔节后，田面保持 10 厘米的水深，为河蟹、水稻生长提供最佳水域条件；9 月水稻收割前再将水位逐步降至露出田面（通常说的"烤田"）来增强水稻根系活力，烤田时间要短，结束时将水加至原来的水位，为稻、蟹共生提供一个良好的生态环境。

2. 饲料投喂

河蟹因其摄食种类与活动方式、时间的特异，应选择动物性饲料、粗饲料、草类，同时坚持"定时、定位、定质、定量"的投喂原则。具体投饲量为：5 月的投饲量为河蟹体重的 4%，6 月的投饲量为河蟹体重的 4% ~ 5%，7 月的投饲量为河蟹体重的 6% ~ 7%，8 月的投饲量为河蟹体重的 8% ~ 9%，9 月的投饲量为河蟹体重的 9% ~ 10%，10 月未起捕前的投饲量为河蟹体重的 8% ~ 9%（蟹体重计算方法：每月随机取河蟹 20 ~ 30 只，称重量，算出每只均重，以每只均重乘以全田河蟹的总数，即为河蟹当月的总体重）。

3. 病害防治

防治方法：①在蟹种下塘前，彻底清塘，消灭病原；②在蟹种运输过程中，尽量避免对蟹体造成损伤；③对即将入塘的蟹种，进行药浴消毒，用 0.4 毫克/千克三氯异氰脲酸钠全田泼洒，做好预防工作，防止创口感染；④强化饲养管理，促进伤口愈合，增强河蟹体质，提高抗病、抗逆能力。

五、效益

稻蟹生态种养模式省肥、少药、免用除草剂，节本增效效果显著。加上中晚熟杂交粳稻的选用提高了品种的抗性，确保水稻产量潜力的发挥。由于系统内渠、沟、埂配套，水体环境分布合理，水质较优，投放

第八章

的二龄蟹种长成后规格大，产量也随之上升，养殖效益提高。稻蟹生态种养模式每亩增加纯收入1410元，养殖效益见表8-1。

表8-1　河蟹稻田养殖效益实例（亩均效益）

成　本								收　获			纯收入/元
苗种/元	饲料/元	渔药/元	肥料/元	育秧、插秧/元	人工费/元	田间工程/元	水、电、机械等/元		亩产/千克	单价（元/千克）	产值/元
100	300	40	120	150	400	200	100	水稻	564	4.4	2482	2112
								河蟹	26	40	1040	

第九章 蛙稻田养殖技术

过去人们主要靠在野外、田间捕捉青蛙。随着环保意识增强，人们已逐渐意识到捕捉青蛙会破坏农田生态，为农业植保所不许。而野生青蛙已被国家列入保护动物，从事繁养应在当地林业部门办理"野生动物驯养繁殖许可证"。若能将稻田加以圈围，充分利用稻田生态条件养殖蛙类，既可为水稻除虫防病，减少农药的施用，减轻对环境和稻谷的污染，又可获得更多的蛙类产品，取得明显的生态效益、社会效益和经济效益。稻田养殖的蛙类品种很多，如美国青蛙、牛蛙、黑斑蛙（俗称青蛙）、虎纹蛙、棘胸蛙等，目前多数养殖的是美国青蛙、牛蛙和黑斑蛙。黑斑蛙在我国分布很广，耐寒性比牛蛙、美国青蛙强，苗种来源广，且能在自然界大量繁殖。但黑斑蛙由于活动饲料的来源有限，养殖规模受到限制。近年来，依靠大量繁养蝇蛆、蚯蚓、黄粉虫等，为黑斑蛙养殖增加了饲料来源，人工养殖黑斑蛙获得成功。下面以黑斑蛙为例，介绍蛙类稻田养殖（图9-1）。

图9-1 黑斑蛙稻田养殖模式

第一节 生物学特性

黑斑蛙是我国分布最广的两栖动物之一，隶属于脊索动物门，两栖纲，无尾目，蛙科。其味道鲜美，营养价值极高，富含多种人体必需的氨基酸和维生素，蛙皮含有防治疾病的化合物，包括抗菌和抗病毒物质等。

一、形态特征

蛙类幼体和成体的外部形态是完全不同的，幼体为蝌蚪，更适应于水栖生活，离开水不久就会死亡，外部形态分为头、躯干和尾3部分。而成体为蛙，适应于水陆两栖生活，喜欢在靠近水源的潮湿地带生活，或者在潮湿的森林环境中生活，它的外部形态与幼体有一个明显的区别就是没有尾巴，但有4条腿，因此外部形态分为头部、躯干和四肢3部分。所有蛙类的外形特征基本是一样的，身体略呈纺锤形，又粗又短（彩图15）。

黑斑蛙头部呈三角形，头长略大于头宽，口前位，口腔内有一条肉质发达的舌，是其捕食最主要的工具。成蛙体长一般为7~8厘米，体重50~60克，大个体可达100克左右，一般情况下，同龄黑斑蛙的雌蛙比雄蛙大。雄蛙有一对颈侧外声囊，鸣叫声音较大；雌蛙无声囊，但也会鸣叫，比雄蛙鸣叫的声音小。两个鼻孔位于近吻端，长有鼻瓣，可随意开闭以控制气体进出，是蛙的主要呼吸通道。两眼位于头上方两侧，有上、下两个眼睑，上眼睑不能活动，下眼睑上方有一层半透明的瞬膜，眼圆而凸出，眼间距较窄，眼后方有圆形鼓膜。黑斑蛙躯干部分与头部直接相连，因没有颈部，头部无法自由转动。躯干部分短而宽，是蛙体中最大的部分，内有内脏器官，末端有一泄殖孔，兼具生殖与排泄的作用。成体黑斑蛙背面为黄绿、深绿或带灰棕色，上面有不规则的数量不等的黑斑，背部中间有一条宽窄不一的浅色纵脊线，由吻端直达肛门，体背侧面上方有1对较粗的背侧褶，两背侧褶间有4~6行不规则的短肤褶，若断若续，长短不一。四肢背面有黑色横斑，腹面皮肤光滑呈鱼白色。黑斑蛙四肢分为前肢和后肢。前肢短，指侧有窄的缘膜；后肢粗壮、较长，趾间几乎全蹼，这是适应在水中生活的重要器官。雄蛙前肢第一指内侧基部有指垫，也称婚姻瘤，婚姻瘤内还有特别的黏液腺，有利于在繁殖期间和雌蛙抱对（图9-2）。

图9-2　黑斑蛙抱对行为

二、生活习性

黑斑蛙喜群居，常常几只或几十只栖息在一起，性喜温湿，常在有遮阳的水草或水草丛生的环境中生活，一般栖息于稻田、池塘、湖泽、河滨、水沟内或水域附近的草丛中。黑斑蛙属于变温动物，其最适生长温度为22~30℃，当温度低于12℃时就停食开始冬眠，一般11月开始冬眠，钻入向阳的坡地或离水域不远的田地（图9-3），深10~17厘米，第二年3月中旬、温度上升至16℃时结束冬眠。

图9-3　黑斑蛙入洞冬眠

三、食性

黑斑蛙蝌蚪期为杂食性，植物性、动物性食物都能摄食。蝌蚪孵出后，主要靠吸收卵黄囊营养维持生命，3~4天后开始摄食水中的单细胞藻类和浮游生物等食物。蝌蚪变态发育成幼蛙后，一般不吃静止状态的食物，只能捕食活动的食物。其食物主要包括膜翅目、鞘翅目、双翅目、半翅目、鳞翅目等多种节肢动物类，甲壳纲动物，脊椎动物中的鲤科、鳅科小鱼及小蛙、小石龙子等。黑斑蛙捕捉昆虫、飞蛾的能力特别强，一昼夜捕虫可达70余只，是消灭田间害虫的有益动物。2016年，黑斑蛙育种获得突破，已有团队培育出能吃饲料的黑斑蛙，同时有企业开发出黑斑蛙养殖专用饲料。

四、繁殖习性

黑斑蛙从孵化到成蛙，经过蝌蚪期、变态期、幼蛙期和成蛙期4个阶段，全部过程大约需要5个月时间。黑斑蛙一般2~3龄可达性成熟，繁殖季节和当地温度有关，在部分省份，3月出蛰并开始繁殖，繁殖高峰期为4~5月，于7月停止繁殖。其在繁殖季节喜欢在水稻田、浅水池塘、浅水沟等栖息地产卵，一般不将卵产在深水池塘和溪流等流水水体中，雄蛙在降水前后和黄昏时开始鸣叫，引诱雌蛙抱对产卵。黑斑蛙每年产卵一次，所有卵一次性产出，每窝卵为2000~5514粒，差距较大。所有卵彼此粘连，呈团状，卵径为1.5~2.0毫米，动物极为深棕色，植物极为浅黄色或乳白色，通常黏着在植被上。新产出的卵一般在3~4天后孵化成蝌蚪，然后大约经过2个月完成变态。

第二节 田间工程

养蛙的稻田要满足以下条件：水源充足，忌高山夹冲；水质好，周围无工业废水、生活垃圾等污染；排灌方便，要求进水便利，排水顺畅，确保天旱不缺水，雨涝不淹没。因此，选择水源充足、水质良好、环境安静、排灌水方便、保水性良好、田埂宽而结实的稻田养蛙，是非常重要的一步。养蛙稻田选好后将其分割成若干个方形田块，大小根据各地情况而定，平原区每块稻田面积以近3亩为宜，丘陵地区可适当减小。

一、开挖环沟

以面积3亩的稻田为例，在距稻田四周田埂内侧1~1.5米处开挖供黑斑蛙活动、避暑、避旱和觅食的环形蛙沟，沟深0.6~1米，开挖面积占稻田总面积的 10%。开挖环沟表层 30 厘米左右的耕作层土壤可回田继续作为水稻生长的基质干壤，深层的非耕作层土壤用于田埂的加高、加固、加宽。田埂要打紧夯实，确保堤埂不裂、不垮、不漏水；紧挨田埂 1～1.5 米处必须与田面保持同一平面，作为水稻栽种区和食台放置区（图9-4）。

图9-4 稻田环沟

二、配套设施

蛙类跳跃能力强，为防止其逃逸，可利用聚乙烯网或者尼龙纱网建立防逃围栏，下端埋入田埂泥土中 20～30 厘米，露出地面高 100 厘米，然后在每隔 80～100 厘米处用一木桩固定围栏。防逃网内应留出 1 米宽埂面，供搭建食台以投喂饲料。另外，再用 1 米高的黑色塑料薄膜覆盖纱网内侧，以防蛙跳跃撞到纱网上擦破表皮感染病菌。若是养殖美国青蛙或牛蛙，围栏泥上高度要加到 150 厘米以上。围栏网的上沿做宽 15 厘米的檐，以防美国青蛙（或牛蛙）跳越逃跑。此后，在稻田上方架设距离地面 2 米（以人自由穿行的高度确定）的天网，以防止白鹭、鱼鹰、麻雀等天敌入侵。这样便形成一套立体式防逃防天敌保护体系（彩图16）。

成片养殖的稻田进排水系统不能串联，每块稻田应有独立的进排水系统。进排水系统应建在田外，综合考虑环沟的特点，进水口建在田埂上，排水口建在沟渠最低处，将进水口和排水口进行对角设置。排水口可由 PPR 弯管控制水位，能排干池水，排灌方便。其大小可根据田的大小和下暴雨时进水量的大小而定。进排水口用铁丝网或聚乙烯网罩住，以防蛙逃逸。

田埂上可搭架种植瓜、豆等蔓藤植物，为蛙提供遮阳和隐蔽场所。如需人工投喂饲料，为了确保饲料定位投喂及方便收集残饵，需建造食台。可在防逃网内预留的 1 米宽埂面上用聚乙烯网铺设食台；或者田间沟中每隔 10 米左右用竹制品铺上一块窗纱放在水面上设一个食台；也可放置一块大小合适的木板，但需要在木板两端安装塑料泡沫条，确保食台浮在水面上（彩图 17）。

第三节　苗种放养

一、前期准备

在蛙种放养前 10 ~ 15 天，为杀灭环沟内有害生物和致病菌，预防疾病发生，环沟需用生石灰 30 ~ 50 千克/亩化水泼洒进行消毒。插秧结束 10 ~ 15 天待秧苗返青成活后投放蛙苗。

二、苗种来源

选择好的苗种，对于稻田养蛙来说，具有非常重要的意义。一是能提高单位面积产量，二是能改进蛙的品质，三是增强蛙对病虫害和不良环境的抵抗力或者耐性。黑斑蛙养殖中，其人工繁殖技术十分关键。因为自然界中的野生蛙体内可能寄生着极易危害人体健康的寄生虫（如双槽蚴寄生虫、曼氏裂头绦虫等），采用人工产卵隔离成蛙的方法可以有效防止该情况发生。而且近年来养殖黑斑蛙饲料配方在不断优化。因此，选择经过驯养吃人工配合饲料的种蛙繁殖的后代，是黑斑蛙人工养殖中最佳的苗种选择方式。

根据黑斑蛙的生物学特性，黑斑蛙引种是分阶段的，即引进种蛙、受精卵、蝌蚪、幼蛙。引进种蛙是目前引种最主要的方式之一。引进受精卵和蝌蚪也是目前主要的引种方式，但需要注意的是蝌蚪是蛙类整个生长阶段最薄弱的环节，往往会在这一阶段出现大量死亡的现象，特别是正处于变态期的蝌蚪，因为生活习性的改变，是非常不宜运输的。引进幼蛙是很多养殖户在初次养殖时的选择，因为幼蛙的成活率较高。当然，因幼蛙苗种价格高，如果全部引进幼蛙，养殖成本也会上升很多。

三、苗种运输

1. 蛙卵运输

首先应检查受精情况，方法是产卵后 30 ~ 60 分钟，深棕色动物极朝上者为受精卵，若 1 小时后仍是乳白色植物极朝上，则多为未受精卵。可将受精卵放入桶内带水运输，或放入尼龙袋内充氧运输。一天内产出的卵，可将其铺在草上洒水，放入纸箱运输。注意不要随意翻转卵块，避免受精卵的植物极和动物极发生颠倒。

2. 蝌蚪运输

短距离运输一般用水桶盛水装运。装运的密度为每千克水装载 3 ~ 5 厘米长的蝌蚪 600 尾左右。如运输数小时就能到达目的地，就不必换水，如超过 10 小时，应每隔 5 ~ 6 小时换水 1 次，换水时水温相差不得超过 2℃以上。换水量约 1/3，换水速度要慢，不要冲击蝌蚪。为了减少挑运时颠簸，可在桶上水面放少量水草。运输距离远可用尼龙袋充氧运输，尼龙袋的规格一般为 90 厘米长，50 厘米宽。装运时先装 1/3 水，再装蝌蚪，然后立即充加氧气并扎紧袋口，为确保稳妥，可重复上一步骤再套一层尼龙袋，最后将尼龙袋装进纸盒或塑料筐中，以防袋子受损破裂。装运量与时间、气温均有直接关系，气温适中可多装些，气温高少装，运输时间短多装，运输时间长少装。另外，1 厘米左右的蝌蚪，运输成活率较低，应选择大于 1 厘米规格的蝌蚪苗运输。

3. 蛙的运输

幼蛙、成蛙、种蛙的运输方法一致，常用湿运方法，装运采用轻便、透气、成本低的竹笼为好。规格为长 50 厘米、宽 50 厘米、高 20 厘米的正方形竹笼，也可用直径 50 厘米、高 20 厘米的圆形竹笼。运输竹笼笼底铺垫水草或用塑料泡沫浸湿后铺底，蛙放入后，再用湿棉纱布覆盖，所装运的蛙不能拥挤，更不能重叠，容器加盖后即可启运，每隔 6 小时洒水 1 次，保持蛙体湿度。方形竹笼运输可在笼底垫上水草或湿布，每笼分 4 个小区，在每个小区内放蛙 4 ~ 5 只，上面盖少许水草，然后加盖，每隔 5 ~ 6 小时洒水 1 次，保持笼内湿度，竹笼保温运输蛙成活率一般在 90% 以上，有的达到 100%。

四、苗种投放

结合水稻生长时限、苗种成活率、苗种投放成本等问题，黑斑蛙的稻田养殖宜直接放养当年繁殖的幼蛙。放蛙应选择在清凉的早晨或傍晚进行。放养的幼蛙要求体质健壮、无病、无伤残、规格整齐。幼蛙由于个体小，喜欢集群生活，因此放养密度宜高不宜低。放养密度以 22500 ~ 25000 只/亩为宜。放养的幼蛙规格尽量一致，以避免大小差异过大。稻田的温度与放养前黑斑蛙所处环境的温差不要超过3℃。放养幼蛙时，用2%~3%食盐水或者20毫克/升高锰酸钾溶液浸泡幼蛙5~10分钟消毒，或者用5~7毫克/升的硫酸铜、硫酸亚铁合剂（5:2）浸浴5~10分钟，剔除伤残病蛙，操作动作要轻以避免碰伤幼蛙。

> 黑斑蛙稻田养殖中，可采用首次引种幼蛙，之后留性成熟的亲本自然配对繁殖，之后每3年引进补充蛙种，这样省时、省力、省费用。

第四节 饲养管理

一、日常管理

一是调节养殖温度和湿度。蛙是两栖变温动物，自身对温度的调节能力非常弱，特别惧怕日晒和高温干燥。因此盛夏季节时的一个主要管理工作就是要做好遮阳、防高温、防烈日曝晒，保证蛙的正常生长活动。可采取适当措施来降低温度，例如：及时更换部分田水，水源好的地方可以保持微流水养殖；在稻田中搭设遮阳棚；还可在田间沟靠近田埂的一侧种植一些具有较强攀缘性能的经济农作物；到后期秧苗壮大后，可以在喂食时将部分饲料投在秧苗里，让蛙自己钻到秧苗里捕食，也能达到使其躲避高温的目的。

二是及时分养，按照蛙的大小适时分级、分田饲养。在人工高密度饲养下，幼蛙的生长往往不一致，会出现个体大小差异悬殊的现象。所以对蛙进行及时分养，有利于蛙的摄食和生长，也能避免弱肉强食现象的发生，对提高蛙的成活率很有利。

三是保持养殖环境的清洁，保持养殖环境的清洁，是预防蛙类疾病的重要措施之一。因此要坚持每天多次巡田，发现敌害、污物、残饵及时清除。若发现有蛙被困食台内，需及时捡出。在晴天，可将洗刷干净的食台拿到田埂上，让食台接受阳光曝晒以达到消毒效果。

四是检查防逃设施，以及防害除害。巡田时要经常检查防逃设施，有破损的要及时修补。发现有鼠、水蛇、水鸟等敌害生物要及时驱杀。在蛙病高发季节，对行动迟缓、伏卧不动或有异常表现的蛙及时捕捉检查，有病应隔离治疗，主动采取有效措施防止病情发展和蔓延。

第九章

二、饲料管理

在自然界中，幼蛙是以各种活饵为食，不吃死饵。小规模养殖黑斑蛙时，只要条件适宜，依靠捕食稻田里的饲料生物基本上能满足幼蛙的活饵需求，同时也能节省节约饲料支出。但是进行大规模稻田养殖时，投喂人工配合饲料和其他死饵是蛙稻田养殖技术中的关键环节，也是必须解决的技术问题之一。目前，驯化蛙摄食静止饲料的技术已经获得成功。驯化适宜水温为 20～30℃，一般要求在幼蛙变态后的一周内就要开始驯食，可采用以下措施驯食：拌食驯化，即将大小适宜的死饵和活饵一起放在食台上进行投喂，以活饵带动死饵，死饵由少到多逐步添加到活饵中，逐步驯化直到蛙能直接摄食死饵为止；振动驯食，在食台下安装振动装置，将静态料和少量活饵一起放在食台上，让蛙"看见"所有饲料，在争食中摄食完所有饲料。

驯食完成后，就可以对蛙进行人工饲料的投喂了。为了提高蛙的饲料利用率促进蛙的生长，对蛙的投喂也要讲究"四定"原则，即"定时、定位、定量、定质"。蛙的食欲十分旺盛，一天的摄食时间长，因此可少量多次的投喂，一般每天可投喂 4 次，分别在 8：00、11：00，16：00、20：00 各 1 次。鲜饵日投饵量为蛙总重量的 10%～15%，颗粒配合饲料日投喂量为蛙体重的 3%～5%，每次投喂的饲料在 1.5 小时左右吃完为宜，另外每天傍晚最后一次投喂是最主要的投喂时间，可占一天投喂量的 50%～60%。定位也就是在投喂饲料时一定要固定一处，因此需要搭设食台，每次投喂都将饲料投放在食台上。定质就是要求活饵、鲜饵都要新鲜，不能死亡过久，配合饲料不能有霉变质等现象，且所有饲料大小都要适口。

投喂的鲜活饲料如蝇蛆、猪肺、蚕蛹、黄粉虫等，投喂前要用清水洗净，再用 5% 食盐水浸泡 5 分钟后投喂。

三、水质管理

蛙摄食多，排泄的废物也多，要注意调节水质保证不被污染，要坚持换水。可经常加注清水，一般 3～4 天冲水 1 次，高温季节 1～2 天加水 1 次，以改善水质。有条件的可让稻田保持微流水状态养殖，效果更好。高温季节，可使用生石灰或漂白粉泼洒稻田沟池以达到消毒的目的。

第五节 疾病防治

在天然条件下，由于生态环境较好，种群密度小，蛙本身适应性强和抗病力高，一般很少患病。即使在人工饲养条件下，如能为其生存、繁衍提供良好的生态条件，采取科学的饲养方式，通常也能及时对疾病采取有效防治措施。但由于在实际生产中，养殖户为追求效益，往往会忽视对养殖环境的管理，最终造成疾病暴发。养殖过程中，疾病一旦暴发，蛙基本就会失去食欲，导致常规治疗困难甚至失效，只能采取保守措施，争取以尽量少的损失控制疾病的蔓延。

在人工养殖环境中，对蛙的疾病防治应遵循"预防为主，治疗为辅"的原则，按照"无病先防、有病早治、防治兼施、防重于治"的要求，加强管理，勤于巡视，才能减少或避免其疾病的发生，保障蛙健康生长。平时应定期进行蛙沟消毒，每天清洗食台。高温季节用生石灰水泼洒蛙沟 1 次，每半个月换水 1 次，保证水质肥爽。饲料合理配制，保证蛙体大小均匀。

一、红腿病

1. 病原与症状

本病是细菌性疾病，病原主要是乙酸钙不动杆菌和嗜水气单胞菌。幼蛙、成蛙都能得本病。病蛙瘫软无力、精神不振、活动迟钝、停止摄食。蛙体腹部及腿部皮肤出现红点或红斑，肌肉呈现点状充血，严重时全部肌肉呈红色以致溃烂，还可感染舌、口腔、肝脏、脾脏、肾脏、肠等组织，使其出血坏死，临死前病蛙常出现呕吐和拉血便等现象。本病发病急、传播快、死亡率高，对稻田养蛙危害很大。

2. 流行特点

全年均可流行，但以冬眠后最易发生，温度 20℃ 以上发病更为严重。

3. 预防措施

本病目前尚无特效的治疗方法，所以应采取积极的预防措施。在放蛙、放蝌蚪前一定要用生石灰、漂白粉等药物清池消毒；适当控制养殖密度；保持水质清新，蛙田要勤换水；在放养过程中，操作要细致，避免蛙体受伤，减少病原体侵入的机会；第七至第十天用 1 毫克/米³ 的漂白粉液全田泼洒一遍；经常用 10 毫克/千克漂白粉液洗刷食台，或阳光曝晒2天。在饲料中添加多维、昆虫蛋白（蝇蛆粉），提高蛙体生理功能和免疫力。

4. 治疗方法

一旦发病，及时隔离。将病蛙捞出放入40万单位青霉素溶液的生理盐水中药浴5分钟，每天2次，连续3天；内服增效磺胺，按每天每只1/4片的用量，拌饲料连喂6天，第一天药量加倍；将红霉素软膏涂抹于病灶部位，有一定疗效。

二、腹水病

1. 症状特征

本病为细菌感染所致。病蛙四肢无力，活动明显减弱，食量减少，体表无明显病症，腹部膨大，解剖后可见大量腹水，腹水呈浅黄色或红色，肠胃发红充血，部分肝脏肿大。

2. 流行特点

本病多发于春季、夏季，水温20℃以上，有很强的传染性。

3. 预防措施

合理控制蛙的放养密度；及时换水，使水质保持清新；在放养过程中，操作要细致，避免蛙体受伤，减少病原体侵入的机会；活饵经消毒浸泡后再投喂，保证饲料多样、适口和新鲜，加强营养；引种时注重检疫工作，放养前用20毫克/升高锰酸钾溶液消毒。

4. 治疗方法

发病后，对田水用1～2毫克/升的聚维酮碘消毒，同时在饲料中拌入氟苯尼考或者其他保肝利胆药物投喂；每千克病蛙注射庆大霉素4万单位，每天1次，直至病愈。

三、肝肾红肿

1. 病原与症状

本病病原主要是产气单胞菌，饲料中蛋白质过高引起氨中毒。病蛙初期因细菌侵入或氨中毒使肝脏、肾脏功能减退，继而引起消化不良，肝脏、肾脏肿大充血，排泄困难。病蛙皮肤无光泽、弓背、消瘦、不活动，严重时肝脏、肾脏瘀血黑肿。

2. 流行特点

种蛙、成蛙在每年春夏之交或秋冬之交经常发生。本病发病率和死亡率较高。

3. 预防措施

定期换水保持池水清新，定期用漂白粉消毒杀灭细菌。人工配合饲料中蛋白质含量不宜过多，更不能投喂腐烂变质的饲料。

4. 治疗方法

发现本病，应立即更换饲料，加入一些活鲜饲料，使其增进食欲。在投喂新饲料中加入5%氟苯尼考，每天投喂2次，连续5天；或加入5%鸡骨草粉，每天投喂2次，连续5天；或加入3%蚯蚓粉、3%车前草粉，每天投喂2次，连续5天。同时定期进排水，保持水质清新。饲料中可添加鱼肝油、维生素C以增强肝脏功能。

第六节 起捕收获

稻谷收割后，田中昆虫减少，水温降到15℃以下后，蛙的活动减少、生长缓慢，即可收捕。蛙的捕捉是养殖过程中一个很重要的环节。在养殖过程中，为了大小蛙分级分养也要进行捕捉。捕捉方法是夜间用手电光照射蛙眼，蛙因强光炫目会一时呈盲状、木然不动，此时可趁机迅速用手或网捕捉；或将蛙赶进蛙沟，用拉网或手抄网捕捉，但动作要轻快，避免蛙体受伤和跳逃；也可放干水后实行地毯式捕捉。

第七节 蛙稻田养殖高产高效实例介绍

四川省成都市青白江区的庄某以每亩700元的价格承包了100亩良田，发展黑斑蛙稻田养殖（图9-5）。他在插秧后半月，每亩稻田放养10克/尾幼蛙20000只。第一年经过3个月左右的养殖，每只黑斑蛙均重40克，每千克黑斑蛙卖40~50元，每亩还能收获400多千克稻谷，经济效益相比水稻种植效益增加了9000多元。现将青白江区黑斑蛙稻田高产养殖技术要点总结如下。

一、稻田改造

1. 开挖环沟

以1.5亩（20米×50米）的稻田为一个养殖单元开挖环沟，环沟距稻田四周田埂内侧1.5米，沟深0.8米，紧挨田埂内侧1.5米处与田面处于同一水平面，作为食台放置区。

第九章

图 9-5 四川黑斑蛙养殖基地

2. 建设防逃设施

在稻田田埂边每隔 1 米远的位置插入 1 米长的竹竿，下端埋入田埂泥土中 30 厘米，露出地面高 70 厘米。然后将尼龙纱网和塑料薄膜同样下端埋入田埂泥土中 30 厘米，露出地面高 70 厘米，固定在竹竿上，尼龙纱网在外侧，塑料薄膜在内侧（防止黑斑蛙跳跃撞伤）。

3. 建设防鸟设施

架设防鸟网，首先要在塘坝边打好钢桩，钢桩是长 3 米、直径为 10 厘米的钢管，将钢桩打入塘坝 1 米，再沿桩基挖开 40 厘米见方，用水泥浇固，钢桩间距 4 米，取两面对边对设，两面钢桩及相邻钢桩之间用 5 号钢丝加固相连，架成棚状，再用聚乙烯防鸟网覆盖，加固建成防鸟网。

4. 建设进排水设施

首先，进水口和排水口进行对角设置，进水口建在田埂上，排水口建在环沟最低处。排水口由 PPR 弯管控制水位，进排水口用铁丝网或聚乙烯网罩住，以防蛙逃逸。

5. 搭建食台

在田埂内侧预留的 1 米宽田面上用聚乙烯网铺设食台，食台用木条或竹制品制作成类似纱窗的样子，每隔 8 米左右放置 1 个。

二、高产养殖技术要点

1. 前期准备

在蛙种放养前 10～15 天，用生石灰 30 千克/亩溶水泼洒进行消毒。插秧结束 10～15 天待秧苗返青成活后投放蛙苗。

2. 苗种选择

选择放养正规人工养殖场当年繁殖的幼蛙，放养的幼蛙体质健壮、无病、无伤残、规格整齐。

3. 日常管理

养殖场常年有1名技术管理人员和3名普通工人，每天早晚均有人巡塘，观察黑斑蛙摄食饲料和生长情况，同时保证环境清洁，水质良好。

4. 病害防治

加强管理，勤于巡视。定期进行蛙沟消毒，经常用10毫克/千克漂白粉液洗刷食台，保证水质肥爽。饲料合理配制，每半月在饲料中添加多维、昆虫蛋白（蝇蛆粉），提高蛙体生理功能和免疫力。

三、效益

同批蛙种通常可用3年，机械及围网等3年内保持较完整，故效益按3年分析（表9-1）。

表9-1 黑斑蛙稻田养殖成本分析

支出费用/ （元/亩）	第一年投入/ （元/亩）	第二年投入/ （元/亩）	第三年投入/ （元/亩）	三年合计投入/ （元/亩）
田间机械操作费	1500	0	0	1500
食台、围网费	2000	400	400	2800
人工费	4000	4000	4000	12000
苗种费	6000	0	0	6000
饲料费	6500	6500	6500	19500
租金	700	700	700	2100

3年每亩成本合计：43900元

3年收入合计：平均每年每亩产600千克黑斑蛙，平均价格40元/千克，小计：600千克/（年·亩）×40元/千克×3年＝72000元/亩。

综上分析：年亩产收益大于9000元，效益远远超过单种植水稻模式效益（图9-5）。

 中华鳖稻田养殖技术

鳖俗称水鱼、甲鱼、团鱼、王八等，属于脊索动物门，脊椎动物亚门，爬行纲，龟鳖目，鳖科，鳖属，是我国重要的经济水生动物之一。中华鳖肉质细嫩、味道鲜美，高蛋白质、低脂肪，富含多种维生素、微量元素和胶原蛋白，能提高人体免疫机能，增强人体抗病能力，有美容养颜和延缓衰老的作用。中华鳖同样具有极好的药用价值，头、甲、骨、卵等均可入药，具有滋阴补肾、清退虚热的功效，历来是人们喜食的水产珍品。稻田养鳖是典型的动植物人工生态养殖系统，一方面稻田能为中华鳖的生长提供丰富的天然饵料和舒适的栖息环境，另一方面中华鳖又可为水稻生长起到疏松土壤、去除杂草和捕捉害虫的作用，中华鳖的粪便和残饵还可为水稻生长提供养分，从而降低水稻人工施用化肥、防病、除草等的成本，不仅能有效提高稻田经济效益，还实现了绿色生态农业。

第一节 生物学特性

一、形态特征

中华鳖体躯扁平，呈椭圆形，背腹具甲；通体被柔软的革质皮肤，无角质盾片；头部粗大，前端略呈三角形；吻端延长呈管状，具长的肉质吻突，约与眼径相等；眼小，位于鼻孔的后方两侧；口无齿，脖颈细长，呈圆筒状，伸缩自如；视觉敏锐，颈基两侧及背甲前缘均无明显的瘰粒或大疣；背甲暗绿色或黄褐色，周边为肥厚的结缔组织，俗称"裙边"；腹甲灰白色或黄白色，平坦光滑；尾部较短，四肢扁平，后肢比前肢发达；前肢、后肢各有 5 趾，趾间有蹼，内侧 3 趾有锋利的爪，四肢均可缩入甲壳内。

二、生活习性

中华鳖主要生活于江河、湖沼、池塘、稻田等水流平缓、鱼虾繁生的淡水水域。中华鳖为水陆两栖，生长期主要用肺呼吸，能在水中自由游泳，也能在陆地上爬行，但不能离水源太远，在安静、清洁、阳光充足的水岸边活动较频繁。中华鳖是变温动物，当水温低于15℃时，中华鳖就潜入池底淤泥开始冬眠，靠喉咙部的鳃状组织等辅助呼吸器官进行呼吸。成都地区每年11月中旬到第二年的3月中旬前后是中华鳖的冬眠期。中华鳖喜静怕惊、喜阳怕风，生性胆小，对周围环境中的声响和物体的移动很敏感，一有风吹草动就潜入水底；白天潜伏在水中或淤泥中，夜间出水觅食，人工养殖条件下白天也会出水觅食；晴天时常趴在向阳的岸边晒背，利用阳光中的紫外线杀死体表的致病菌，促进受伤体表愈合，并通过晒背提高体温，促进食物消化。中华鳖喜食鱼虾、昆虫等，也食水草、谷类等植物性食物，耐饥饿，贪食且残忍，食物严重缺乏时还会蚕食同类。

> 在养鳖稻田改造时要留有足够面积的陆地田埂，同时搭建设施以便鳖能上埂进行陆上活动。

三、繁殖习性

中华鳖4~5龄性成熟，卵生性，每年4~5月水中交配，20天后产卵，多次性产卵，一般至10月结束。其在繁殖季节一般可产卵3~4次，产卵数量随着雌鳖年龄的增加而增加，通常首次产卵4~6枚，5岁以上雌鳖一年可产卵50~100枚。卵为球形，乳白色，卵径为15~20毫米，卵重为8~9克。产卵点一般要求环境安静、干燥向阳、土质松软，其选好产卵点后，掘坑10厘米深，将卵蛋产于其中。卵穴呈锅状，上大下小，产卵后用沙土覆盖压平伪装，离开后不再管。

第二节 地理品系

中华鳖是我国目前主要的鳖科养殖动物。我国幅员辽阔，南北东西之间的地形、气候、水质等差异很大，中华鳖在不同地域养殖的外形、生长速度、品质等方面具有很大差异，形成了不同的地理品系。我国中华鳖的地理品系主要包括黄河品系、洞庭湖品系、西南品系等7种。

一、黄河品系

该品系是指生活在黄河流域的中华鳖，主要分布在甘肃、宁夏、山东、河南境内，通常称为"黄河鳖"。黄河鳖有3个明显的特征，就是背甲是黄绿色的，腹甲是黄色的，鳖油也是黄的，因此黄河鳖也称"三黄甲鱼"。由于黄河流域独特的气候和自然环境条件，黄河鳖具有生长速度快、体积较大、裙边肥厚等特点。黄河流域土质都以黄色土质为主，生活在此地域的中华鳖体表颜色微黄。但黄河鳖如移养到其他非黄河流域，因土质的不同微黄的体色会慢慢褪去，变成本地鳖的颜色。黄河鳖抗病力较强，适合健康养殖。

二、太湖品系

该品系是指生活在太湖流域的中华鳖，主要分布在江苏、浙江、上海和安徽的江南一带，被称为"太湖鳖"。太湖鳖背甲上有多个花点，腹部有一块状花斑，形似戏曲脸谱，因此又被人们称为"江南花鳖"。太湖鳖具有抗病力强、肉质鲜美的特点，在浙江、江苏、上海一带深受群众喜爱。

三、洞庭湖品系

该品系是指生活在洞庭湖流域的中华鳖，主要分布在湖南、湖北和四川的部分地区，通常被称为"湖南鳖"。与太湖鳖相比，湖南鳖体表呈橘黄色，背甲和腹部无花斑，生长速度和抗病力相当，是我国较有养殖价值的中华鳖地理品系之一。

四、鄱阳湖品系

该品系是指生活在鄱阳湖流域的中华鳖，主要分布在福建北部、湖北东部和江西，被称为"江西鳖"。江西鳖的形态特征与太湖鳖相似，但江西鳖稚鳖腹部没有花斑，为橘红色，其生长速度与太湖鳖差不多。

五、西南品系

该品系是指生活在广西的中华鳖，外形体长圆，腹部无花斑，大鳖体背可见背甲肋板。广西黄沙较多，养殖的鳖体色较黄，又被称为"黄沙鳖"。黄沙鳖食性杂、食量大、生长速度快，工厂化养殖条件下比其他中华鳖品系生长速度快，工厂化养殖适宜选择此品系。

六、北方品系

该品系是指分布在河北以北地区的中华鳖，又被称为"北鳖"，耐寒力较强，通过越冬试验证明，北鳖能在－5～10℃气温中水下越冬，成活率较其他地区的高35%，是一个适合北方和西北地区养殖的优良品系。

七、台湾品系

该品系是指生长在我国台湾南部和中部的中华鳖，又被称为"台湾鳖"，其形态特征与太湖鳖相似，但养成后体高比例大于太湖鳖。台湾鳖性成熟较国内其他品系早，一般养成450克左右即可达性成熟，适合工厂化养殖小规格商品上市，不适合池塘和稻田养殖。

第三节　苗种繁育

一、环境条件

1. 场地要求

中华鳖苗种繁育在稻田中不便进行，最好建单独的苗种繁育场。要求周围无任何污染源、环境安静、背风向阳、水源充足、水质良好、进排水方便。一般亲鳖池、稚鳖池、幼鳖池按3∶1∶3的比例建设。

2. 亲鳖池

亲鳖池要建在繁育场最僻静的地方，供亲鳖培育和产卵用。以1~2亩的长方形土池为宜，池边建缓坡，池坡与水面约成30°角以利于亲鳖上坡活动。池深2~2.5米，水深1.2~1.5米，池底淤泥厚25~30厘米。在池边离岸边0.5~1米处建造高50厘米左右的防逃墙，可用砖块砌成，墙体内用水泥浆抹光滑，顶端向内延伸30厘米呈"7"型，也可用高70厘米的白铁板、砂纸建成，下端埋入土下20厘米、土上高50厘米，以钢筋或竹竿、木棍每隔1米做支撑，用绑带或铁丝固定。在池中用竹竿搭建一个2~3米^{2}的浮筏，一端固定在池边，另一端没入水中15厘米左右，供鳖晒背和投饲料。

3. 稚鳖池

以面积10~20米^{2}的水泥池为宜，池底铺5厘米厚的沙子，池上用钢架搭建塑料大棚，用于培育刚孵化出壳至50克左右的稚鳖。

4. 幼鳖池

土池或水泥池均可，面积以1~3亩为宜，用于将稚鳖培育成150~250克的大规格幼鳖。要求池深0.8~1.5米，池底淤泥厚10厘米左右。防逃墙和晒背食台建设同亲鳖池。

二、亲鳖的选择与培育

1. 亲鳖选择

亲鳖要求无伤残、无畸形、体色正常、裙边宽大、活力充沛、体质健壮，年龄5龄以上，体重1.5~2.0千克。选择的亲本必须是非近亲繁殖养成的，最好从不同的地方购进父本和母本，亲鳖购买进场前要经严格检疫和消毒处理。

2. 放养准备

在亲鳖放养前，必须对池塘进行严格的清淤和消毒，池中栽种水葫芦、轮叶黑藻等水草，栽种面积占池塘面积的1/3，每亩投放鲜活螺蛳300千克以上。

3. 放养密度

每亩池塘放养亲鳖2000只左右，雌雄比为3:1，同时适当套养一些鲢鱼、鳙鱼、草鱼鱼种以调控水质。

4. 饲养管理

清明节前后亲鳖出泥，4月下旬开始投饲料，投喂量随水温升高而逐步增加，一般占鳖种重的1%~3%；定期向池中加注新水，每20天左右用20克/米^{3}的生石灰全田泼洒，以调节水质和防治鳖病。

5. 交配产卵

水温上升到20℃以上时，亲鳖开始发情交配，水温达到25~28℃的4~6月和9~10月为交配盛期。通常发情交配在晴天傍晚，持续时间为5~6小时。交配后15天左右开始产卵，一般在22：00后至黎明前结束。5龄的雌鳖一年可产卵4~5次，每次产卵30~40枚。

三、鳖卵的收集与孵化

1. 产卵床

在亲鳖池向阳的一边池埂上，修建5~8米^{2}的产卵床，内铺细沙30厘米厚，沙面与地面持平，并由鳖池铺设一条45°左右的斜坡至产卵床，便于雌鳖能顺坡爬入产卵。

2. 孵化箱

孵化箱可用木料制成，也可用塑料筐，一般为60厘米×45厘米×15厘米规格，筐体开4个孔，供稚鳖爬出，筐底铺一层1厘米厚的海绵，海绵上放一块5厘米厚的苯板，板上预先挖10~15个直径为7~8厘米的圆孔。

3. 鳖卵收集

产卵季节每天清晨到产卵场检查有无卵产出，采集的卵粒应剔除未受精卵，受精的卵动物极有一个规则圆形白色亮区，集卵时应注明产卵时间，以便分批孵化。由于刚产出的卵动物极不明显，很难鉴别是否受精，一般在产卵后 8～10 小时开始收集，而清晨鳖产卵后覆盖的沙还比较潮湿，容易发现卵穴，所以发现后立即做好标记，便于后续采集卵粒。

4. 鳖卵孵化

鳖卵的自然孵化完全依赖自然界的光、热、雨水及沙土的温度，自然条件下鳖卵的孵化率和幼鳖的成活率比较低，人工养殖条件下一般采用人工孵化。鳖卵在孵化过程中对温度变化极为敏感，低于 22℃ 时胚胎发育停止，高于 38℃ 会死亡。一般 22～26℃ 条件下，胚胎发育时间为 60～70 天，30～31℃ 条件下为 40～50 天，33～34℃ 条件下为 37～43 天。

采用室内孵化方式，孵化箱放置在孵化房内，孵化房要求通风良好，不能有蛇、鼠等敌害生物进入。每箱可摆放鳖卵 200～250 枚，之后在鳖卵上面再覆盖一层海绵，并做好日期、只数的标签放到箱内，以便于记录。海绵要预先用水浸过，含水量以手挤有水滴为宜，水温与室温保持一致。利用控温仪控制电暖器调节室内孵化温度，恒定在（31±1）℃，空气湿度控制在 70%～80%，主要靠孵化箱中的海绵控制水分大小，孵化过程中隔天洒 1 次水，以保持一定的湿度。一般经过 42 天左右鳖卵即可孵出稚鳖。

> 孵化期间每天至少检查 1 次，及时将白卵、死卵捡出，孵化过程中尽量避免翻动或振动鳖卵以免造成胚胎死亡。

四、稚鳖的处理与培育

1. 稚鳖处理

对刚出壳的稚鳖可用 100 毫克/升的高锰酸钾溶液浸洗 15 分钟后放入暂养盆中。暂养盆存水 5 厘米左右，当天不投喂，第二天可适当投喂一些水丝蚓或稚鳖的配合饲料，每天换 1 次水，盆中放少量新鲜水草，经 3～5 天的暂养即可转入稚鳖池中养殖。

2. 稚鳖培育

稚鳖池在使用前要用消毒剂消毒，待消毒剂药效消失后再注水，培育水质至水色呈浅绿色，透明度达 20～30 厘米。早期孵出的稚鳖经 1 个月饲养后要进行分塘，放养密度为 60～100 只/米^2，10 克/只以上规格放养密度视情况而定；晚期孵出的稚鳖需要在室内加温养殖 1 个月，然后逐步降温再行越冬。稚鳖鲜活饲料主要有红线虫、水丝蚓、蚌肉、动物内脏等，日投喂量为鳖体重的 8%～15%；配合饲料日投喂量为鳖体重的 3%～5%，具体投喂量根据水温、水质、鳖的活动情况适当增减。每天投喂 4 次，可在 8：00、11：00、14：00、17：00 进行投喂，投喂应遵循"四定"原则，以 2 小时内吃完为宜。

3. 日常管理

每天坚持巡池，观察鳖的活动情况、防逃设备完好情况及水质情况等，发现问题及时处理；及时清除残余饲料，清扫食台；注意观察有无敌害生物进入，及时清除池内敌害、污物和杂草；定期加水、换水和泼洒生石灰或漂白粉消毒，使水色保持黄绿色或茶褐色，pH 为 7～7.5，透明度在 30 厘米左右；定期添加大蒜素等药物拌饲料投喂，预防鳖病发生，做到"有病早治，无病先防"。

第四节 田间工程

稻田是中华鳖栖息、生长的场所，稻田环境条件和中华鳖的生存、生长关系密切，良好的生产条件是获得稻田养殖中华鳖高产、优质、高效的关键点之一。稻田环境直接关系到水稻和中华鳖产量，同时决定了种养户能否获得较高的经济效益，对稻田养殖中华鳖健康发展有着深远的影响。在养殖中华鳖的稻田选择上，既要考虑远离污染源、生态环境良好，又要考虑交通便利、方便生产管理，重点要考虑稻田的位置、地势、土质、水源、交通、周围环境等多方面，开展生产前需要事先勘察、详细计划。

进行稻田养殖中华鳖生产前，要先观察稻田周边环境，考虑周边水环境污染可能带来的影响，不能建在有工业污水注入地区的附近。如果采用溪流、湖泊、水库等养殖水源，特别是养殖幼鳖的稻田，进水口一定要设置防止野杂鱼进入的设施，防止其他敌害生物进入对养殖鳖造成影响。

提示

　　总的来说，养鳖稻田应选择交通便利，水源充足，水源条件好，排灌方便，不涝不旱，土质最好为保水性能好的土壤，平整向阳，适宜稻作生长的田块。选择的稻田通过改造，创造适宜的环境条件利于水稻和中华鳖生长，同时便于生产管理。土质贫瘠的稻田不利于培育浮游生物培肥水质，不适宜开展稻田养殖中华鳖。

一、稻田改造

　　养鳖的稻田改造可参照本书第二章修建环沟和暂养池，设置农机通道、进排水设施、防逃设施（图10-1）和安全警示牌，对田埂进行加高、加固、加宽。田埂上还可以种植一些玉米、南瓜、葡萄等植物，既可以为稻田环沟遮阳，又可以利用植物根系达到护坡的目的（图10-2）。

图10-1　防逃设施

图10-2　埂上种豆

二、遮阳设施

　　环沟消毒3~5天后，向环沟内移栽水花生、水葫芦、菖蒲等水生植物，栽植面积占环沟总面积的30%，为中华鳖提供遮阳躲避的场所，还可净化水质。此外，还可在田埂坡上种植丝瓜、苦瓜、葡萄等蔓藤果蔬，充分利用土地面积增加产出，还可以避免阳光直射影响鳖的正常生长。

三、晒背台和食台

　　中华鳖有晒背的习性，需在环沟中每隔10米左右放置一块木板作为中华鳖的晒背台和食台。木板宽60~80厘米，长1.5~1.8米，一端固定在田埂上，另一端没入水中15厘米左右。

第五节 苗种放养

一、前期准备

1. 清除过多淤泥

稻田是中华鳖生长的场所，稻田环境条件的好坏直接影响鳖的生长。多年养殖的稻田环沟底部的淤泥里存在着各种病原菌，使得养殖鳖发生疾病的风险增大；同时，过多的淤泥也会造成水体中有机质增多，细菌分解有机质消耗大量的溶解氧会造成稻田环沟底部水缺氧，破坏水质。利用冬闲季节把环沟里的水放干并进行曝晒，对消灭环沟底部有害微生物大有好处。放养鳖种前，要对稻田进行清整，及时清除底部过多淤泥，减少稻田底泥有机质耗氧，提高水体溶氧量，清除稻田内杂物，对田埂进行查洞补漏，疏通进排水管。

2. 稻田消毒

稻田消毒能杀灭田内病原体以消除养殖隐患，是进行中华鳖稻田健康养殖的基础，对鳖种的健康生长有着至关重要的作用。一般在苗种投放前10~15天，采用生石灰、漂白粉等药物进行消毒，以杀灭沟内水蛭、水蜈蚣、鼠等敌害生物和致病菌，预防鳖疾病发生。通常采用生石灰带水消毒，每亩环沟用生石灰50千克溶水全田泼洒消毒，7~10天后向田内注水，水深20~30厘米。

3. 适度施肥

中华鳖为杂食性动物，除了人工增投的饲料外，稻田水体中天然的植物、浮游动物、底栖动物和有机碎屑等都是中华鳖尤其是幼鳖喜爱的食物来源。稻田适度施肥，可以为水稻生长提供所需养分，同时也可培养浮游生物作为鳖种和套养鱼种的天然饵料生物。施肥分为两种，一种是在放养前施基肥，培养浮游生物和为水稻生长提供养分；另一种是在养殖过程中为保证足够的浮游生物，及时、少量、均匀地施追肥。最好选用有机肥培肥水质，以利于长期、持续地保有浮游生物，如果是连片生产、种植面积比较大而有机肥又无法充足供应的情况下，可施用有机复合肥。

稻田养殖中华鳖鳖种投放前适度施肥，一般放养后不需要施追肥，如果发现稻田脱肥，再少量施追肥。施追肥前，先把稻田水位排浅，让中华鳖慢慢进入养殖环沟躲避后再施肥到稻田田面，以减少施肥对中华鳖的影响。

> 清明节前后向沟内投放活螺、小龙虾等,每亩投放 50 ~ 100 千克,为鳖提供丰富的天然饵料。

4. 移栽水生植物

养殖中华鳖的稻田可在田间环沟内移栽水葫芦、水花生、慈姑等水生植物,移栽面积占稻田环沟总面积的 1/3,利于增氧降温,为田螺等饵料生物的生长繁殖提供场所,有利于中华鳖摄食,高温季节还可为中华鳖提供遮阳躲避高温的场所,避免高温阳光直射对中华鳖的生长或存活造成影响。

二、苗种投放

1. 选择适宜品种

目前可供养殖的中华鳖的地理品系有好几种,不同品系的鳖生活习性、生长速度、风味口感各不相同,养殖的经济效益也相差很大,要根据本地区农业生产条件选择优质高产、抗病力强、适宜本地养殖的品系。最好选择本地繁育的适应本地环境的品种,它们对本地环境、温度、水质等都比其他外来品种更有优势,抗病力更强、生长速度更快。选择具有资质的正规苗种繁育场购进鳖种,不能采用市场零散购进的垂钓的或者来路不明的商品鳖。稻田养殖的鳖最好选择外表无伤、四肢健全、反应灵敏的个体。

> 养殖中华鳖一定要选择适宜本地养殖的品种,各地区适宜品种不同,如成都地区适宜养殖洞庭湖品系(湖南鳖)。

2. 规格与密度

选择适合本地养殖的鳖种进行稻田养殖,幼鳖要求行动敏捷、体质健壮、抗病力强、规格整齐,带伤或捕钓的鳖不宜作为苗种进行养殖。太小的鳖对环境适应能力较差,对自身的保护力也不强,稻田中养殖成活率较低。同时,为保证水稻收获后、小春作物栽种前能及时捕获商品鳖上市销售,鳖种的规格应适度增大,适宜投放 500 克/只以上规格的鳖种,一般每亩放养 100 ~ 150 只进行养殖。

因鳖自相残杀严重，雌雄同田养殖会严重影响鳖的成活率，且雄鳖比雌鳖生长速度更快、售价更高，建议雌雄分开养殖或有条件的地方投放全雄鳖种。

3. 放养注意事项

水稻移栽 10～15 天后放养鳖种。选择天气晴好的中午，将装有鳖种的箱子或筐轻轻放到水边，让鳖自行爬入水中。放养前，鳖种须用 1%～3% 食盐水浸浴 5～10 分钟或用 10 毫克/升高锰酸钾溶液浸洗 20 分钟，以杀灭体表寄生虫或病菌。放养时，注意运输箱与稻田水温差不能超过 2℃。若温差过大，应将运输箱放在稻田环沟水面上，待箱内水温与稻田水温接近时，再将鳖种缓慢放入池中。鳖种放养前应先试水，取少量鳖种放在稻田环沟中，半小时后若鳖活动正常，即可大量放养（图 10-3）。

鳖种经过长时间运输以后体质较弱，活动能力较差，若同一点投放太多不利于鳖的存活，所以应将鳖种分散下田，不可将所有鳖种在同一点下田。

图 10-3　鳖种投放

第十章

第六节　饲养管理

一、日常管理

1. 生产管理

夏秋季节是鳖生长快速期，鳖进食较多，排泄物也较多，加上稻田水体较小、水温较高，水质极易污染而导致缺氧，因此，要重点做好稻田鳖安全度夏的管理工作。为防止水温过高影响鳖的正常生长，田埂上可种植玉米、南瓜、大豆等植物，环沟中还可以移栽苦草、水花生等水草以遮阳避暑。平时应注意加强巡田工作，检查鳖的吃食情况、防逃设施和水质等，并定期加注新水，进水要通过栅栏、网片、筛网等进行过滤处理，防止废弃物、悬浮物、敌害生物等进入养殖稻田，每次注水前后水的温差不超过3℃，以避免鳖感冒致病。定期泼洒生石灰，每隔15天用生石灰兑水泼洒环沟1次，用量为每立方米水体50克；在生石灰泼洒7～10天后，泼洒微生态制剂来改善水质。

2. 稻田水位管理

稻田水位的深浅关系到鳖的生长。水位过浅，水温就易发生突变导致稻鳖死亡，因此，要及时进排水保证一定的水深。稻田水位要兼顾水稻和鳖生长的需要，一般养鳖稻田水位要比常规稻田高10厘米左右。要根据水稻生长需要适度调整稻田水位，烤田时要"轻烤、慢搁"，缓慢降低水位，做到既不影响鳖的正常生长，又能促进稻谷的有效分蘖。

提示

> 稻田水位较池塘浅，水温受气温的影响比池塘更大，而中华鳖是变温动物，水温直接影响其新陈代谢的强度，所以，想要中华鳖在稻田养殖中生长速度快，必须提供适合的稻田水位和水温。

3. 水稻病虫害防治

鳖喜食田间飞蛾、蚱蜢等昆虫，因此，养鳖稻田田间害虫较少。如需进行水稻病虫害防治，需选用高效、低毒、低残留的生物农药，并注意用药的时间和施用方法。宜在晴天施用，粉剂宜在清晨露水未干时使用，尽量使药粉撒在稻叶表面上；水剂在傍晚使用，尽量将药液喷洒在水稻叶面上，以打湿稻叶为度。这样既可以提高药物使用效果，又能减少施用药物对稻鳖的影响。晴天中午、连续阴天、闷热天、雨天切勿施用。施用毒性较强的药物，较大的田块最好能分片、分期施用，将大部分鳖引至半边田块进行暂养，在另一边田块先施用药物，两三天后将鳖引至另一边田块再进行其他田块药物施用，以减少药物对鳖的影响。

用药时可将稻田水位降至田面以下，施药后再补充进水，24 小时后再将水彻底换去。

二、饲料管理

鳖是以肉食为主的杂食性动物，稻田中有许多小鱼、小虾、螺、蚌和水生昆虫等天然饵料可供鳖摄食。为达到良好的产量，还需人工增投商品鳖料或动物性饲料（鲜活鱼等）搭配植物性饲料（麸类、饼粕类、南瓜等），其动、植物饲料比例为（1.5~2）:1。前期以动物性饲料开食，中期多投喂一些植物性饲料，后期为使鳖多积累营养、安全越冬，则多投喂动物性饲料。投喂要遵照"四定"原则，即定时、定量、定质、定位。投喂的饲料要营养丰富、新鲜、无污染、无腐败变质，日投喂量为鳖体重的3%~5%，早晚各投喂1次，具体投喂应根据天气、水温和鳖的摄食情况灵活掌握，达到七成饱即可，以促使其到稻田里觅食螺蛳、小鱼、小虾和水稻害虫等。

三、水质管理

根据水稻和中华鳖不同生长期的不同生长需求，适当增减水位，一般水位保持在 15~20 厘米。高温季节，在保证不影响水稻生长的情况下，加深水位，并且适当增加水花生等水生植物的栽植面积，防止水温过高。定期进排水，泼洒生石灰以保持良好水质。

稻田水体中溶氧量越高，中华鳖的摄食量越多，生长也就越快，因此，要获得稻鳖高产，必须长时间保持稻田水体中较高溶氧量。及时清除稻田中剩余饲料，尤其是投喂的动物下脚料、冰鲜鱼等，以防其腐败变质破坏水质。

第七节 疾病防治

一、发病原因

1. 致病生物的侵袭

中华鳖的疾病多数是由于各种致病生物的传染或侵袭而引起的，包括真菌、细菌、病毒、藻类、原生动物、蠕虫等。这些病原体能否侵入鳖体内引起疾病的发生，与病原体传染力的大小及其在宿主体内分布的数量、排出的时间有关。在鳖体内的病原体数量越多，症状就越明显，严重时引起鳖的死亡。毒力较弱的病原体只有大量侵入鳖体内才能引起疾病发生，毒力较强的病原体少量感染也会引起疾病发生。利用生态学方法或药物抑制、杀灭病原体活力，如定期使用生石灰对水体进行消毒，向水体中投放 EM 菌、硝化细菌、芽孢杆菌等生态学方法处理水环境，达到净化水质、增加溶解氧的目的，抑制或降低病原生物的生长繁殖，减轻其对鳖的致病作用，鳖疾病的发生概率就会大大降低。

除去这些病原体，稻田中还存在鼠、蛇、鸟及其他凶猛鱼类和野生蛙类等敌害生物，特别是在幼鳖的养殖中，这些天敌可能成为鳖寄生虫的宿主或传播途径，甚至会直接吞食幼鳖，对鳖的危害极大，稻田中若有这些生物要及时予以捕杀。

2. 环境条件的影响

影响中华鳖生长健康、造成疾病发生的环境方面的因素主要包括水温、水质、底质、光照、降水等，其中水质主要包括溶氧量、酸碱度、氨氮、硫化氢等。鳖生活在稻田水体中，水质的好坏直接关系到其生长存活。水环境发生变化，鳖的机体适应能力逐渐衰退而不能适应环境时，就会失去抵御病原体侵袭的能力而导致疾病的发生。水产养殖环境的不断恶化，对中华鳖养殖生产的影响越来越大。在养殖过程中，需要把稻田水体培育成适宜鳖生长的水环境。

(1) 水温 中华鳖是变温动物，体温会随着外界环境尤其是水温的变化而发生改变。当水温发生急剧变化，突然上升或下降，温差超过3℃时，鳖由于适应能力不强，机体和体温不能正常随之改变，就会发生病理反应而患病。比如稻田投放鳖种时，要注意鳖的运输温度与稻田水温的差异不能太大，如果相差超过3℃，就会因温差过大而导致鳖患"感冒病"，甚至应激性大批死亡。

（2）**底质**　稻田环沟的底质尤其是多年养殖中华鳖的环沟底质，聚集有各种有机质，这些有机质在水温升高后会慢慢分解，分解的过程中不但会消耗水中大量溶解氧，使得水体底部处于缺氧状态，对底栖生物造成很大影响，还会因底质分解而产生各种有毒物质如氨氮、亚硝酸盐、硫化氢等，这些毒物对鳖有很大的毒害作用。

（3）**溶解氧**　中华鳖是两栖动物，既可以在水中生活，又可以在陆地上短暂生活。水中溶解氧不足时，中华鳖可以爬到田埂边或陆地上呼吸空气中的氧气，虽然缺氧但不会对鳖的生存造成威胁，但长期的缺氧会严重影响其生长。所以，稻田养殖中华鳖，仍需要保持水体充足的溶解氧，可以定期进行进排水，换掉部分老水，引入溶氧量丰富的新水，也可以降低放养密度，减少溶解氧消耗。

（4）**酸碱度**　中华鳖生存的 pH 范围为 5.5 ~ 9，适宜 pH 范围为 7 ~ 8。水质偏酸会造成疾病多发、鳖生长缓慢，养殖过程中可以使用生石灰进行消毒同时调节酸碱度，但如果水质偏碱就不能再使用生石灰进行消毒了，可使用磷酸二氢钠调节酸碱度至适宜范围。

（5）**重金属盐等毒物**　工厂、矿场、养殖场等工业、农业废水和生活污水含有氯化物、硫化氢、重金属盐等物质，若进入稻田，会对养殖鳖造成危害。毒物浓度较高，引起急性中毒时会造成鳖短时间内出现中毒症状或迅速死亡；毒物浓度较低时，短期内不会出现明显症状，但会降低鳖的机体防御功能，致使病原体容易入侵而发生疾病，引起生长缓慢或出现畸形。生产过程中要严防含有重金属盐等毒物的水源进入稻田养殖环境。

3. 自身因素的影响

鳖机体自身因素的好坏是抵御病原体入侵的重要因素，与鳖的生理因素和机体免疫能力有关。

（1）**生理因素**　鳖对外界环境病原体入侵的反应能力和抵抗能力因其年龄、营养、个体大小、身体健康状况等生理因素不同而不同。鳖的角盾状皮肤是抵抗病原体侵袭的重要屏障，健康鳖体表皮肤完整，病原体就不易进入，如水霉病、腐皮病等疾病就不易发生；当鳖的体表有伤口而又没及时进行消毒处理时，病原体就会乘虚而入导致疾病发生。因此，养殖过程中，要投喂充足的饲料，严防养殖密度过大或养殖个体差异太大，减少鳖因争夺食物或空间而发生伤害。如果有皮肤破损的现象，一定要及时消毒处理。

（2）免疫力因素 相同水环境中同等大小的个体对病原体有不同的抵抗能力，同一条件下，有的会出现疾病症状，有的依然存活得很好，这主要是由于免疫能力不同造成的。免疫力强的鳖可以抵御病原体的入侵，免疫力弱的鳖就会因不能抵御病原体入侵而发病。生产过程中，可以在饲料中添加一些维生素、矿物质、免疫多糖等物质，提高鳖机体免疫力，积极主动预防疾病发生。

4. 人为因素的影响

（1）检疫消毒不够 从外地引进苗种、亲本，一定要从证照齐全、有生产能力的正规苗种繁育场购买，切不可贪图便宜从市场购买钓捕的鳖或其他规格不整齐、质量不好的鳖种。购进的鳖在入场前一定要严格检疫，同时使用高锰酸钾、食盐等进行消毒，不能让带病原体或带伤的鳖混入养殖稻田。在养殖生产过程中，要注意饲养用具、投喂饲料等的消毒、清洁工作，防止病原体带入。对鳖、食场、用具等的消毒用药浓度要适宜，消毒时间要充足，保证消毒效果，否则消毒不彻底也会使鳖的发病率大大增加。

（2）稻田工程改造不合理 进行养殖中华鳖的稻田都要按照需要进行合理稻田改造，挖田间养殖环沟和暂养池，配备进排水系统和防逃设施等。连片生产的稻田一定要设置独立的进排水系统，如果改造不合理，进排水系统不独立，一个稻田养殖的鳖发生疾病往往会引起其他稻田的鳖发病。

（3）放养密度不合理 稻田的承载力是有限的，如果为盲目追求高产量而随意加大放养密度，会导致鳖缺乏正常的活动空间，同时代谢物增多，水质变差甚至缺氧，使其正常摄食生长受到影响，抵抗力下降，发病率增加。

（4）投喂不当 养殖过程中长期投喂单一饲料或饲料营养成分不充足、全面，会导致鳖营养缺乏、体质衰弱、抵抗力差，更容易感染病原体患病。如果投喂量不充足，就会导致鳖因抢食物而发生争斗造成皮肤破损，增加患病感染概率。投喂量如果过大，会造成残饵过多，如果不及时清除，极易引起水质变差、细菌繁衍，导致鳖疾病的发生。另外，投喂的饲料不清洁或已变质，就会直接导致鳖发生疾病甚至中毒死亡。生产中稻田养殖鳖投喂的饲料要求品质好，营养成分与鳖的需求一致，投喂量也要适宜，按照"四定"原则合理投喂。

二、疾病预防

中华鳖除了短暂到陆地上进行晒背，长时间都生活在水体里，发生疾病往往无法及时发现，即便发现也会因疾病特别是内脏器官疾病的发生影响食欲导致治疗困难，因此，对鳖疾病的治疗应遵循"预防为主、防重于治"的原则，在疾病未发生前，加强生产管理，防患于未然，才能有效减少或防止因鳖死亡造成的损失。

1. 加强检疫消毒

购进种鳖时，要加强鳖苗种的检验检疫，杜绝病原体传染源带入养殖场。从外地购进的苗种，进入养殖场地前必须先进行消毒，可用食盐水、漂白粉、碘制剂等根据个体大小和水温确定适宜消毒种类与剂量。放养的个体必须是健康、不带病原体的。放养鳖的规格和密度要合理，稻田内搭配混养的其他水产品种类和密度也要合理，要促进稻田生态平衡，保持良好水体环境。

2. 改善养殖环境

稻田中潜藏有各种病原生物，水质、底质、环境等都会对病原体的滋生及蔓延造成影响。

（1）及时清淤　养鳖稻田经过多年养殖生产后环沟中淤泥堆积会越来越多，过多的淤泥不仅影响稻田水体容量，还会对水质造成影响，形成病原体滋生的土壤，所以，稻田的清淤消毒至关重要。要及时清除田间环沟里的淤泥，清除环沟内及田埂上的杂物，修整进出水口，定期消毒水质，保证水质良好。

（2）定期消毒　常见鳖病的发生多数是由于真菌、细菌、病毒等病原体的生物传染或侵入及水温、水质的变化引起的。水质条件的恶化，有利于病原体的生长繁殖，对中华鳖的致病作用明显。定期利用药物或者生态学方法降低、杀灭病原体，如定期用生石灰对养殖稻田进行消毒或定期向水体投放 EM 菌等净化水质，就可以控制寄生生物的生长繁殖，使鳖的疾病发生概率明显降低。

（3）食场清理　食场是鳖进食的地方，也是鳖聚集的地方。平时投饲要注意投喂量适宜，过少会造成鳖生长不佳，过多会造成食场残存饲料过多，特别是高温季节时间长了残饵腐败后可能成为病原菌繁殖的培养基，为病原菌的大量繁殖提供有利场所，造成细菌感染导致疾病发生。因此，投喂要适量，食场的残饵要注意及时清除，对食场要定期消毒。

3. 合理投喂

稻田综合种养中由于水体中天然饵料有限而放养密度又大，必须投喂人工饲料才能保证有足够的营养满足养殖动物的良好生长。要根据放养鳖的发育阶段，选择多种饲料原料或商品料，合理搭配，保证养殖鳖生长所需全面的营养，提高鳖的疾病抵抗力。疾病高发期还可以在饲料中添加一些中草药或多维加强预防工作，每 20 天按 20 千克饲料添加大蒜素 50 克的量或者将中草药铁苋菜、马齿苋、地锦草等拌入饲料中投喂，以预防疾病发生和增强中华鳖体质；在饲料中加益生菌、复合维生素等来促进营养物质的消化吸收，改善养殖水体生态环境。

4. 提高免疫力

鳖生活在稻田水体里，发生疾病特别是内脏器官患病后食欲基本就丧失了，常规治疗方法几乎都会失去效果，导致治疗困难。因此，应遵循"无病先防、有病早治、防治结合、防重于治"的原则严格按照"预防为主、防治结合"原理进行病害防治，加强管理，防患于未然，才能有效降低或防止因鳖死亡而造成的损失。可定期在投喂的饲料中添加维生素、微量元素、免疫多糖等具有预防疾病作用的物质，提高鳖的抗病力。

5. 建立隔离制度

生产过程中，对不同稻田中使用的网具、塑料和木质工具等，如需串联使用，应消毒后使用，杜绝病原体的传播。一旦有疾病发生，特别是传染性疾病，一定要首先采取隔离措施，切断疾病传播蔓延的途径。发病稻田的养殖动物不能向其他稻田转移，不能随便排放田水，对于死亡个体要及时清除，掩埋或销毁处理。

6. 正确用药

发现患病个体要及时做出诊断，确定病因，根据症状正确用药及时治疗。不能滥用药物，特别是抗生素，经常使用会使稻田微生态平衡失调，并使病原生物产生耐药性。因此，发生疾病一定要在正确诊断的基础上对症下药，选用疗效好、毒副作用小的药物按规定剂量和疗程进行治疗。渔药的使用必须严格按照国务院、农业农村部有关规定，禁止使用未经取得生产许可证、批准文号、产品执行标准的渔药，严禁使用违禁药品。渔药使用后，要严格执行休药期规定。

三、常见疾病防治

1. 腐皮病

（1）病原与症状　本病病原菌以产气单胞菌为主。腐皮病是由于鳖的相互搏斗撕咬受伤后感染细菌所致。外部症状主要表现为鳖的四肢、颈部、尾部及甲壳边缘部的皮肤糜烂，皮肤组织变白或变黄，不久坏死，产生溃疡甚至骨骼外露、爪脱落。

（2）流行特点　本病常年发生，流行季节为每年的 5 ~ 9 月，发病高峰期为每年的 7 ~ 8 月，发病率高，持续期长，危害重，在高密度囤养池，有时与疖疮病并发，危害严重，死亡率可高达 20%。

（3）预防措施

1）经常保持池水清洁，合理安排放养密度，按规格大小分级饲养，以防鳖相互撕咬。

2）放养前用 3% ~ 5% 食盐水或 20 毫克/升高锰酸钾溶液浸浴 3 ~ 5 分钟，可起到预防作用。

（4）治疗方法

1）对于已出现症状的鳖，应按其大小分别暂养于隔离池中进行治疗；先用含氯消毒剂或高锰酸钾全田泼洒，第二天用土霉素 20 ~ 40 毫克/升浸浴 48 小时。

2）在饲料中加入土霉素等投喂，投喂方法是每千克鳖重第一天用药 0.2 克，第二至第六天减半，连续 2 ~ 3 个疗程。

3）对于并发疖疮病的用土霉素 40 毫克/升浸浴 48 小时有显著疗效。

4）病重的鳖注射庆大霉素或卡那霉素，按每千克体重注射 20 万国际单位，连续 2 天，第二天减半。

2. 疖疮病

（1）病原与症状　本病病原菌为产气单胞菌点状亚种。投喂饲料营养不全面或腐败变质，养殖条件恶化，鳖相互撕咬受伤时，极易感染病原菌使其患病。病鳖的颈部、裙边、四肢基部出现芝麻至黄豆大小的，由变性组织形成的黄白色渗出物，边缘圆形，向外凸出，似粉刺，用手挤压有一黄色颗粒或脓汁状内容物，留下一洞穴。随病情发展，疖疮四周炎症扩展、溃烂，有的露出颈部肌肉和四肢骨，脚爪脱落；但一般未到这种程度，病鳖已死亡。感染本病后，鳖食欲减退，体质消瘦，活力减弱，衰竭而死。病鳖皮下、口腔、喉头气管内充满黄色黏液，肺和肝脏颜色发黑，肠道充血。

（2）流行特点 流行较广，流行水温一般为 20～30℃，流行季节为每年的 5～9 月，高峰期为每年的 7～8 月。幼鳖、成鳖均可感染，尤其对稚鳖、幼鳖危害更大，体重 20 克以下的稚鳖发病率为 10%～50%，死亡率为 20%～30%。

（3）预防措施 严格控制饲养密度，及时分养，保持饲料新鲜，防止水体恶化，能有效地预防本病。

（4）治疗方法

1）每千克饲料中添加磺胺嘧啶或诺氟沙星药物 1～3 克，连续服用5 天，患病严重的停药 2 天后再服 1 个疗程。

2）用高锰酸钾 8～12 毫克/升浸浴 8 小时，然后用中药大黄 10 毫克/升，加上五倍子 8～14 毫克/升药浴 2 天，重复 1 个疗程，疗效显著。

3. 红脖子病

（1）病原与症状

本病病原菌为嗜水气单胞菌。病鳖背甲失去光泽，颈部肿胀，发炎充血呈红色，炎症后期不能正常缩回甲壳内。眼睛混浊发白，舌尖、口鼻出血，肝脏、脾脏肿大，点状出血，有的有坏死灶，食欲不振、行动迟钝，常浮在水面或爬到岸边或钻入泥土、草丛中，不肯下水游动，大多在晒背时死亡。

（2）流行特点 流行较广，有传染性，一旦发病就会蔓延；在鳖的生长季节都有流行，高峰期为每年的 7～8 月。幼鳖、成鳖均可感染，死亡率一般为 20%～30%。

（3）预防措施

1）发病季节注意改善水质，加强饲养管理，尽量保持水温相对恒定，若水温变化幅度大，需及时定期消毒以控制水体病原菌的相对密度。

2）可取患病鳖的肝、脾、肾等脏器制成土法疫苗，对未发病的鳖进行肌内注射，使鳖产生免疫力。

（4）治疗方法 庆大霉素肌内注射治疗，从鳖的后肢基部与底板间注入，每千克鳖用 15 万～20 万国际单位。

4. 白斑病

（1）病原与症状 本病病原菌为毛霉菌科的毛霉菌。水温低于25℃、温差变化太大、水质太清是诱发本病的主要原因。病鳖的四肢、裙边出现白色斑点并逐渐扩大成一块边缘不规则的白色斑块，表皮坏死，部分崩解。本病初期不易发现，将稚鳖浸入水中，用强光照着仔细观察，发现裙边、颈部和四肢有云雾状的斑点即可确诊。

（2）流行特点 一年四季流行，以 3~6 月最多，饲养 10~60 大的稚鳖发病率最高，高达 60%。

（3）预防措施

1）由于毛霉菌在有机质浓度较低、透明度高的水体中容易繁殖，其最适生长水温为 20℃，故应保持较肥绿的水质，使霉菌的生长受其他细菌的生存竞争而被抑制。

2）不宜滥用抗生素，因泼洒抗生素类药物反而会抑制其他细菌的生长而促进本病的发展。

3）在鳖的捕捞、运输和放养过程中，操作应尽量小心，避免鳖体受伤。

（4）治疗方法

1）每 100 千克鳖每天喂 8~12 克诺氟沙星，分上午、下午两餐，连服 6 天。

2）每千克饲料添加土霉素或多西环素 3~5 克，连服 5 天。

第八节 起捕收获

由于鳖在遇到攻击时会咬人，因而在捕捉时要注意，以下介绍几种常见的捕捉方法。

一、起捕时间

水稻收获后、小春作物栽种前即可起捕稻田中的鳖进行出售，水稻栽种后一周投放的鳖种规格为 600 克/只的，一般收获时体重能达到900~1000 克/只。

二、起捕原则

小心操作，避免鳖体受伤。

三、起捕方法

1. 灯光照捕

夏季，稻田里的鳖在夜里会自动爬上田埂淤泥，捕捉时可以用灯光照在岸边停留的鳖身上，鳖不动时即可捕捉。

2. 踩摸捕捉

捕捞人员可以穿上水裤下田进行踩摸，踩到鳖时即可用手捕捉，捕

第十章

捉时要先捉住鳖的后半身，然后两指卡在鳖的两个后脚胯下，不可用手捉鳖的前端，避免被鳖咬伤（图10-4）。

图10-4　鳖的捕获

3. 干田捕获

此方法在需将饲养的鳖全部捕捞时使用，做法是先将稻田环沟水放干或仅剩余10厘米左右，再穿上水裤下水进行捕捉，捕捉方法与踩摸捕捉法相同。在稻谷收获后栽种小春作物前需要将鳖全部捕获或转池饲养时也可以用这种方法将鳖全部捕捉出来。

第九节　中华鳖稻田养殖高产高效实例介绍

2015年，四川省崇州市集贤天地宽家庭农场开展稻田养殖中华鳖15亩，5月初每亩稻田投放625克/只均重的中华鳖100只，搭配放养250克/尾的鲢鱼和鳙鱼共20尾、250克/尾的草鱼10尾，亩均纯收入5101元。现将崇州市集贤天地宽家庭农场中华鳖稻田养殖高产高效技术要点总结如下。

一、选择适宜的稻田

选择水源充足、排灌方便、水质无污染、保水力和保肥力较强的稻田进行合理改造，单块稻田面积以3000～6000米^{2}为宜。

二、田间工程

1. 养殖环沟

在稻田四周紧挨田埂开挖一条宽1.5～2米、深1.2～1.5米的环沟，环沟约占整块田面积的 7%。主要分两部分，其中紧挨田埂 40～50 厘米要与田面保持同一平面，作为土埂护坡区；环沟深度为 1.2～1.5 米，环沟底部宽度 1 米以上，作为养殖区。环沟截面为梯形，上宽下窄，边坡适度并夯实。开挖环沟所起的土壤主要用于稻田田埂的加高、加宽、加固。

2. 暂养池

暂养池位于进水口一角，长 4～6 米，宽 3～5 米，深 1.5～2 米，形状因地而异，以长方形为宜，暂养池要求水源充足，与环沟相通。

3. 农机通道

对于面积较大的田块，在田块合适位置建了一个农机通道，以保证机械能顺利上下田操作，在农机通道位置下方安放直径 60～90 厘米加筋混凝土管，离环沟底部高出 30 厘米，避免淤泥堵塞混凝土管，素土回填夯实，保证环沟水流通畅，鱼类正常活动。

4. 进排水设施

进水口、排水口分别设在稻田两角相对边上。进排水口均采用 PVC 管或 PPR 管，排水管呈"L"形，一头埋于田块底部，另一头可取下，利用田内水压调节水位。

5. 防逃设施

进排水口需用网片过滤以防敌害进入和鳖逃跑，网片孔目视所养鳖规格而定，以不逃鳖、不阻水为原则。将砂纸、水泥板、铁皮板等材料埋入田埂泥土中 20～30 厘米，露出地面 50～60 厘米，每隔 1.5 米用竹竿、木桩或不锈钢管固定，沿田埂四周建设成防逃墙，以防中华鳖逃跑。

三、高产养殖技术要点

1. 鳖种选择

选择 500～600 克/只的大规格中华鳖，以便水稻收获后小春作物栽种前中华鳖达到上市规格。鳖种要求规格一致、健康无病、活动能力强。

2. 放养准备

放养前用 50 千克/亩的生石灰对稻田环沟带浅水进行消毒，3 天后注入适量水，每亩用 200～400 千克的有机肥培肥水质，移栽水稻、投放鳖种。

3. 养殖模式

稻田养鳖模式为一年一季，水稻栽种前投放鳖种，水稻收获后、小春作物栽种前捕获中华鳖。

4. 投放密度

投放密度为 100 只/亩。

四、日常管理

1. 水质管理

每 7 天加注新水 1 次，使田间水深保持在 15～20 厘米，高温季节在不影响水稻生长的情况下尽量加深水位，防止水温过高，将稻田内水温控制在 20～33℃。水质始终保持肥、活、嫩、爽。

2. 饲料管理

视田内饲料生物情况增减配合饲料，日投喂量为鳖、鱼体总重的3%～5%，每天投喂 1～2 次，一般以 1.5 小时左右吃完为宜，具体的投喂量视水温、天气、活饵等情况而定。

3. 病害防治

田间管理精心细致，特别是加强稻秧栽插、施肥、病虫害防治，采用性诱剂、太阳能杀虫灯等物理和生物手段结合进行水稻病虫害防治，夏季高温季节稻田环沟每 15 天用 10～20 千克/亩生石灰泼洒消毒，中华鳖饲料中可添加酵母多糖、黄芪多糖、维生素 C 等提高免疫力，积极进行疾病预防。

五、效益

11 月初收获起捕均重 1085 克/只的中华鳖 1595 千克，成活率98%，另外收获鲢鱼和鳙鱼共 307 千克、草鱼 162 千克、稻谷 8220 千克。渔产值14.9 万元，稻谷产值 3.2 万元，稻田总产值 18.1 万元，去除租地、人工、鳖种、鱼种等亩均费用 6965 元，亩均纯收入 3421 元（表 10-1）。

表 10-1　中华鳖稻田养殖效益实例

成本/元								收获					纯收入/元
苗种费	饲料费	渔药费	田块改造费	田租	秧苗费	农药费	劳务费等	鳖亩产/千克	鱼亩产/千克	渔产值/元	稻谷亩产/千克	稻谷产值/元	
4225	700	180	250	1300	100	10	200	106	32	9933	548	2133	5101

 **附** **录**

 附录 A   **稻渔综合种养技术规范通则**

前　言

SC/T 1135《稻渔综合种养技术规范》拟分为 6 部分：

——第 1 部分：通则；

——第 2 部分：稻鲤；

——第 3 部分：稻蟹；

——第 4 部分：稻虾（克氏原螯虾）；

——第 5 部分：稻鳖；

——第 6 部分：稻鳅。

本部分为 SC/T 1135 的第 1 部分。

本部分按照 GB/T 1.1—2009 给出的规则起草。

请注意本文件的某些内容可能涉及专利。本文件的发布机构不承担识别这些专利的责任。

本部分由农业部渔业渔政管理局提出。

本部分由全国水产标准化技术委员会淡水养殖分技术委员会（SAC/TC 156/SC 1）归口。

本部分起草单位：全国水产技术推广总站、上海海洋大学、浙江大学、湖北省水产技术推广总站、浙江省水产技术推广总站、中国水稻研究所。

本部分主要起草人：朱泽闻、李可心、陈欣、成永旭、王浩、肖放、马达文、何中央、唐建军、金千瑜、王祖峰、李嘉尧。

稻渔综合种养技术规范

第 1 部分：通则

1　范围

本部分规定了稻渔综合种养的术语和定义、技术指标、技术要求和技术评价。

本部分适用于稻渔综合种养的技术规范制定、技术性能评估和综合效益评价。

2　规范性引用文件

下列文件对于本标准的应用是必不可少的。凡是注日期的引用文件，仅注日期的版本适用于本文件。凡是不注日期的引用文件，其最新版本（包括所有的修改单）适用于本文件。

GB 2763　食品安全国家标准　食品中农药最大残留限量

GB/T 8321.2　农药合理使用准则（二）

GB 11607　渔业水质标准

NY 5070　无公害农产品　水产品中渔药残留限量

NY 5071　无公害食品　渔用药物使用准则

NY 5072　无公害食品　渔用配合饲料安全限量

NY 5073　无公害食品　水产品中有毒有害物质限量

NY 5116　无公害食品　水稻产地环境条件

NY/T 5117　无公害食品　水稻生产技术规程

NY/T 5361　无公害食品　淡水养殖产地环境条件

SC/T 9101　淡水池塘养殖水排放要求

3　术语和定义

以下术语和定义适用于本文件。

3.1　共作（co-culture）

在同一稻田中同时种植水稻和养殖水产养殖动物的生产方式。

3.2　轮作（rotation）

在同一稻田中有顺序地在季节间或年间轮换种植水稻和养殖水产养殖动物的生产方式。

3.3　稻渔综合种养（integrated farming of rice and aquaculture animal）

通过对稻田实施工程化改造，构建稻渔共作轮作系统，通过规模开发、产业经营、标准生产、品牌运作，能实现水稻稳产、水产品新增、经济效益提高、农药化肥施用量显著减少，是一种生态循环农业发展模式。

3.4　茬口（stubble）

在同一稻田中种植和水产养殖的前后季作物、水产养殖动物及其替换次序的总称。

3.5　沟坑（ditch and puddle for aquaculture）

用于水产养殖动物活动、暂养、栖息等用途而在稻田中开挖的沟和坑。

3.6　沟坑占比（percentage of the areas of ditch and puddle）

种养田块中沟坑面积占稻田总面积的比例。

3.7　田间工程（field engineering）

为构建稻渔共作轮作模式而实施的稻田改造，包括进排水系统改造、沟坑开挖、田埂加固、稻田平整、防逃防害防病设施建设、机耕道路和辅助道路建设等内容。

3.8　耕作层（plough layer）

经过多年耕种熟化形成稻田特有的表土层。

4　技术指标

稻渔综合种养应保证水稻稳产，技术指标应符合以下要求：

a）水稻单产：平原地区水稻产量每 667 米² 不低于 500 千克，丘陵山区水稻单产不低于当地水稻单作平均单产。

b）沟坑占比：沟坑占比不超过 10%。

c）单位面积纯收入提升情况：与同等条件下水稻单作对比，单位面积纯收入平均提高 50% 以上。

d）化肥施用减少情况：与同等条件下水稻单作对比，单位面积化肥施用量平均减少 30% 以上。

e）农药施用减少情况：与同等条件下水稻单作对比，单位面积农药施用量平均减少 30% 以上。

f）渔用药物施用情况：无抗菌类和杀虫类渔用药物使用。

5　技术要求

5.1　稳定水稻生产

5.1.1　宜选择茎秆粗壮、分蘖力强、抗倒伏、抗病、丰产性能好、品质优、适宜当地种植的水稻品种。

5.1.2　稻田工程应保证水稻有效种植面积，保护稻田耕作层，沟坑占比不超过 10%。

5.1.3　稻渔综合种养技术规范中，应按技术指标要求设定水稻最低目标单产。共作模式中，水稻栽培应发挥边际效应，通过边际密植，最大限量保证单位面积水稻种植穴数；轮作模式中，应做好茬口衔接，保证水稻有效生产周期，促进水稻稳产。

5.1.4 水稻秸秆宜还田利用,促进稻田地力修复。

5.2 规范水产养殖

5.2.1 宜选择适合稻田浅水环境、抗病抗逆、品质优、易捕捞、适宜于当地养殖、适宜产业化经营的水产养殖品种。

5.2.2 稻渔综合种养技术规范中,应结合水产养殖动物生长特性、水稻稳产和稻田生态环保的要求,合理设定水产养殖动物的最高目标单产。

5.2.3 渔用饲料质量应符合 NY 5072 的要求。

5.2.4 稻田中严禁施用抗菌类和杀虫类渔用药物,严格控制消毒类、水质改良类渔用药物施用。

5.3 保护稻田生态

5.3.1 应发挥稻渔互惠互促效应,科学设定水稻种植密度与水产养殖动物放养密度的配比,保持稻田土壤肥力的稳定性。

5.3.2 稻田施肥应以有机肥为主,宜少施或不施用化肥。

5.3.3 稻田病虫草害应以预防防治为主,宜减少农药和渔用药物施用量。

5.3.4 水产养殖动物养殖应充分利用稻田天然饵料,宜减少渔用饲料投喂量。

5.3.5 稻田水体排放应符合 SC/T 9101 的要求。

5.4 保障产品质量

5.4.1 稻田水源条件应符合 GB 11607 的要求,稻田水质条件应符合 NY/T 5361 的要求。

5.4.2 稻田产地环境条件应符合 NY 5116—2002 的要求,水稻生产过程应符合 NY/T 5117 的要求。

5.4.3 稻田中不得施用含有 NY 5071 中所列禁用渔药化学组成的农药,农药施用应符合 GB/T 8321.2 的要求,渔用药物施用应符合 NY 5071 的要求。

5.4.4 稻米农药最大残留限量应符合 GB 2763 的要求,水产品渔药残留和有毒有害物质限量应符合 NY 5070、NY 5073 的要求。

5.4.5 生产投入品应来源可追溯,生产各环节建立质量控制标准和生产记录制度。

5.5 促进产业化

5.5.1 应规模化经营,集中连片或统一经营面积应不低于 66.7 公顷，经营主体宜为龙头企业、种养大户、合作社、家庭农场等新型经营主体。

5.5.2　应标准化生产，宜根据实际将稻田划分为若干标准化综合种养单元，并制定相应稻田工程建设和生产技术规范。

5.5.3　应品牌化运作，建立稻田产品的品牌支撑和服务体系，并形成相应区域公共或企业自主品牌。

5.5.4　应产业化服务，建立苗种供应、生产管理、流通加工、品质评价等关键环节的产业化配套服务体系。

6　技术评价

6.1　评价目标

通过经济、生态、社会效益分析，评估稻渔综合种养模式的技术性能，并提出优化建议。

6.2　评价方式

6.2.1　经营主体自评

经营主体应每年至少开展一次技术评价，形成技术评价报告，并建立技术评价档案。

6.2.2　公共评价

成立第三方评价工作组，工作组应由渔业、种植业、农业经济管理、农产品市场分析等方面专家组成，形成技术评价报告，并提出公共管理决策建议。

6.3　评价内容

6.3.1　经济效益分析

通过综合种养和水稻单作的对比分析，评估稻渔综合种养的经济效益。评价内容应至少包括：

a）单位面积水稻产量及增减情况。

b）单位面积水稻产值及增减情况。

c）单位面积水产品产量。

d）单位面积水产品产值。

e）单位面积新增成本。

f）单位面积新增纯收入。

6.3.2　生态效益评价

通过综合种养和水稻单作的对比分析，评估稻渔综合种养的生态效益。评价内容应至少包括：

a）农药施用情况。

b）化肥施用情况。

c）渔用药物施用情况。

d）渔用饲料施用情况。

e）废物废水排放情况。

f）能源消耗情况。

g）稻田生态改良情况。

6.3.3　社会效益评价

通过综合种养和水稻单作的对比分析，评估稻渔综合种养的社会效益。评价内容应至少包括：

a）水稻生产稳定情况。

b）带动农户增收情况。

c）新型经营主体培育情况。

d）品牌培育情况。

e）产业融合发展情况。

f）农村生活环境改善情况。

g）防灾抗灾能力提升情况。

6.4　评价方法

6.4.1　效益评价方法

通过稻渔综合种养模式，与同一区域中水稻品种、生产周期和管理方式相近的，水稻单作模式进行对比分析，评估稻渔综合种养的经济、生态、社会效益。

效益评价中，评价组织者可结合实际，选择以标准种养田块或经营主体为单元，进行调查分析。稻渔综合种养模式中稻田面积的核定应包括沟坑的面积。

6.4.2　技术指标评估

00011 根据效益评价结果，填写模式技术指标评价表。第 4 章的技术指标全部达到要求，方可判定评估模式为稻渔综合种养模式。

6.5　评价报告

技术评价应形成正式报告，至少包括以下内容：

a）经济效益评价情况。

b）生态效益评价情况。

c）社会效益评价情况。

d）模式技术指标评估情况。

e）优化措施建议。

附录 B　渔用药物使用方法及禁用渔药

1. 各类渔用药物的使用方法（附表 B-1）

附表 B-1　渔用药物使用方法

渔药名称	用　途	用法与用量	休药期/天	注意事项
氧化钙（生石灰）	用于改善池塘环境，清除敌害生物及预防部分细菌性鱼病	带水清塘：200 ~ 250 毫克/升（虾类：350 ~ 400 毫克/升）全池泼洒：20 ~ 25 毫克/升（虾类：15 ~ 30 毫克/升）		不能与漂白粉、有机氯、重金属盐、有机络合物混用
漂白粉	用于清塘、改善池塘环境及防治细菌性皮肤病、烂鳃病、出血病	带水清塘：20 毫克/升 全池泼洒：1.0 ~ 1.5 毫克/升	≥5	1. 勿用金属容器盛装 2. 勿与酸、铵盐、生石灰混用
二氯异氰尿酸钠	用于清塘及防治细菌性皮肤溃疡病、烂鳃病、出血病	全池泼洒：0.3 ~ 0.6 毫克/升	≥10	勿用金属容器盛装
三氯异氰尿酸	用于清塘及防治细菌性皮肤溃疡病、烂鳃病、出血病	全池泼洒：0.2 ~ 0.5 毫克/升	≥10	1. 勿用金属容器盛装 2. 针对不同的鱼类和水体的 pH，使用量应适当增减
二氧化氯	用于防治细菌性皮肤病、烂鳃病、出血病	浸浴：20 ~ 40 毫克/升，5 ~ 10 分钟 全池泼洒：0.1 ~ 0.2 毫克/升，严重时 0.3 ~ 0.6 毫克/升	≥10	1. 勿用金属容器盛装 2. 勿与其他消毒剂混用

（续）

渔药名称	用　途	用法与用量	休药期/天	注意事项
二溴海因	用于防治细菌性和病毒性疾病	全池泼洒：0.2～0.3毫克/升		
氯化钠（食盐）	用于防治细菌、真菌或寄生虫疾病	浸浴：1%～3%，5～20分钟		
硫酸铜（蓝矾、胆矾、石胆）	用于治疗纤毛虫、鞭毛虫等寄生性原虫病	浸浴：毫克/升（海水鱼类：8～10毫克/升），15～30分钟 全池泼洒：0.5～0.7毫克/升（海水鱼类：0.7~1.0毫克/升）		1. 常与硫酸亚铁合用 2. 广东鲂慎用 3. 勿用金属容器盛装 4. 使用后注意池塘增氧 5. 不宜用于治疗小瓜虫病
硫酸亚铁（硫酸低铁、绿矾、青矾）	用于治疗纤毛虫、鞭毛虫等寄生性原虫病	全池泼洒：0.2毫克/升（与硫酸铜合用）		1. 治疗寄生性原虫病时需与硫酸铜合用 2. 乌鳢慎用
高锰酸钾（锰酸钾、灰锰氧、锰强灰）	用于杀灭锚头鳋	浸浴：10～20毫克/升，15～30分钟 全池泼洒：4～7毫克/升		1. 水中有机物含量高时药效降低 2. 不宜在强烈阳光下使用
四烷基季铵盐络合碘（季铵盐含量为50%）	对病毒、细菌、纤毛虫、藻类有杀灭作用	全池泼洒：0.3毫克/升（虾类相同）		1. 勿与碱性物质同时使用 2. 勿与阴性离子表面活性剂混用 3. 使用后注意池塘增氧 4. 勿用金属容器盛装

（续）

渔药名称	用　途	用法与用量	休药期/天	注　意　事　项
大蒜	用于防治细菌性肠炎	拌饵投喂：10～30克/千克体重，连用4～6天（海水鱼类相同）		
大蒜素粉（含大蒜素10%）	用于防治细菌性肠炎	0.2克/千克体重，连用4～6天（海水鱼类相同）		
大黄	用于防治细菌性肠炎、烂鳃	全池泼洒：2.5～4.0毫克/升（海水鱼类相同）拌饵投喂：5～10克/千克体重，连用4～6天（海水鱼类相同）		投喂时常与黄芩、黄檗合用（三者比例为5:2:3）
黄芩	用于防治细菌性肠炎、烂鳃、赤皮、出血病	拌饵投喂：2～4克/千克体重，连用4～6天（海水鱼类相同）		投喂时需与大黄、黄檗合用（三者比例为2:5:3）
黄檗	用于防治细菌性肠炎、出血	拌饵投喂：3～6克/千克体重，连用4～6天（海水鱼类相同）		投喂时需与大黄、黄芩合用（三者比例为3:5:2）
五倍子	用于防治细菌性烂鳃、赤皮、白皮、疖疮	全池泼洒：2～4毫克/升（海水鱼类相同）		
穿心莲	用于防治细菌性肠炎、烂鳃、赤皮	全池泼洒：15～20毫克/升拌饵投喂：10～20克/千克体重，连用4～6天		
苦参	用于防治细菌性肠炎、竖鳞	全池泼洒：1.0～1.5毫克/升拌饵投喂：1～2克/千克体重，连用4～6天		

附录

（续）

渔药名称	用　　途	用法与用量	休药期/天	注意事项
土霉素	用于治疗肠炎病、弧菌病	拌饵投喂：50~80毫克/千克体重，连用4~6天（海水鱼类相同，虾类：50~80毫克/千克体重，连用5~10天）	≥30（鳗鲡）≥21（鲶鱼）	勿与铝、镁离子及卤素、碳酸氢钠、凝胶合用
噁喹酸	用于治疗细菌性肠炎病、赤鳍病，香鱼、对虾弧菌病，鲈鱼结节病，鰤鱼疖疮病	拌饵投喂：10~30毫克/千克体重，连用5~7天（海水鱼类：1~20毫克/千克体重；对虾：6~60毫克/千克体重，连用5天）	≥25（鳗鲡）≥21（鲤鱼、香鱼）≥16（其他鱼类）	用药量视不同的疾病有所增减
磺胺嘧啶（磺胺哒嗪）	用于治疗鲤科鱼类的赤皮病、肠炎病，海水鱼链球菌病	拌饵投喂：100毫克/千克体重，连用5天（海水鱼类相同）		1. 与甲氧苄氨嘧啶（TMP）同用，可产生增效作用 2. 第一天药量加倍
磺胺甲噁唑（新诺明、新明磺）	用于治疗鲤科鱼类的肠炎病	拌饵投喂：100毫克/千克体重，连用5~7天	≥30	1. 不能与酸性药物同用 2. 与甲氧苄氨嘧啶（TMP）同用，可产生增效作用 3. 第一天药量加倍
磺胺间甲氧嘧啶（制菌磺、磺胺-6-甲氧嘧啶）	用于治疗鲤科鱼类的竖鳞病、赤皮病及弧菌病	拌饵投喂：50~100毫克/千克体重，连用4~6天	≥37（鳗鲡）	1. 与甲氧苄氨嘧啶（TMP）同用，可产生增效作用 2. 第一天药量加倍
氟苯尼考	用于治疗鳗鲡爱德华氏病、赤鳍病	拌饵投喂：10.0毫克/千克体重，连用4~6天	≥7（鳗鲡）	

（续）

渔药名称	用　　途	用法与用量	休药期/天	注意事项
聚维酮碘（聚乙烯吡咯烷酮碘、皮维碘、PVP-1、伏碘）（有效碘1%）	用于防治细菌性烂鳃病、弧菌病、鳗鲡红头病。并可用于预防病毒病，如草鱼出血病、传染性胰腺坏死病、传染性造血组织坏死病、病毒性出血败血症	全池泼洒：海、淡水幼鱼、幼虾：0.2～0.5毫克/升 海、淡水成鱼、成虾：1～2毫克/升 鳗鲡：2～4毫克/升 浸浴： 草鱼种：30毫克/升，15～20分钟 鱼卵：30～50毫克/升（海水鱼卵：25～30毫克/升），5～15分钟		1. 勿与金属物品接触 2. 勿与季铵盐类消毒剂直接混合使用

注：1. 用法与用量栏未标明海水鱼类与虾类的均适用于淡水鱼类。

2. 休药期为强制性。

2. 禁用渔药

严禁使用高毒、高残留或具有三致毒性（致癌、致畸、致突变）的渔药。严禁使用对水域环境有严重破坏而又难以修复的渔药，严禁直接向养殖水域泼洒抗生素，严禁将新近开发的人用新药作为渔药的主要或次要成分。禁用渔药见附表 B-2。

附表 B-2　禁用渔药

药物名称	化学名称（组成）	别　　名
地虫硫磷	O-2 基-S 苯基二硫代磷酸乙酯	大风雷
六六六BHC（HCH）	1,2,3,4,5,6-六氯环己烷	
林丹	Z-1,2,3,4,5,6-六氯环己烷	丙体六六六
毒杀芬	八氯莰烯	氯化莰烯
滴滴涕	2,2-双（对氯苯基）-1,1,1-三氯乙烷	
甘汞	二氯化汞	
硝酸亚汞	硝酸亚汞	
醋酸汞	醋酸汞	

附
录

（续）

药物名称	化学名称（组成）	别名
呋喃丹	2,3-二氢-2,2-二甲基-7-苯并呋喃基-甲基氨基甲酸酯	克百威、大扶农
杀虫脒	N-(2-甲基-4-氯苯基) N',N'-二甲基甲脒盐酸盐	克死螨
双甲脒	1,5-双-(2,4-二甲基苯基)-3-甲基-1,3,5-三氮戊二烯-1,4	二甲苯胺脒
氟氯氰菊酯	α-氰基-3-苯氧基-4-氟苄基 (1R,3R)-3-(2,2-二氯乙烯基)-2,2-二甲基环丙烷羧酸酯	百树菊酯、百树得
氟氰戊菊酯	(R,S)-α-氰基-3-苯氧苄基-(R,S)-2-(4-二氟甲氧基)-3-甲基丁酸酯	保好江乌氟氰菊酯
五氯酚钠	五氯酚钠	
孔雀石绿	$C_{23}H_{25}ClN_2$	碱性绿、盐基块绿、孔雀绿
锥虫胂胺		
酒石酸锑钾	酒石酸锑钾	
磺胺噻唑	2-(对氨基苯磺酰胺)-噻唑	消治龙
磺胺脒	N_1-脒基磺胺	磺胺胍
呋喃西林	5-硝基呋喃醛缩氨基脲	呋喃新
呋喃唑酮	3-(5-硝基糠叉胺基)-2-噁唑烷酮	痢特灵
呋喃那斯	6-羟甲基-2-［-(5-硝基-2-呋喃基乙烯基)］吡啶	P-7138（实验名）
氯霉素（包括其盐、酯及制剂）	由委内瑞拉链霉素产生或合成法制成	
红霉素	属微生物合成，是 Streptomyces eyythreus 产生的抗生素	
杆菌肽锌	由枯草杆菌 Bacillus subtilis 或 B. leicheni formis 所产生的抗生素，为一含有噻唑环的多肽化合物	枯草菌肽

（续）

药物名称	化学名称（组成）	别名
泰乐菌素	*S. fradiae* 所产生的抗生素	
环丙沙星	为合成的第三代喹诺酮类抗菌药,常用盐酸盐水合物	环丙氟哌酸
阿伏帕星		阿伏霉素
喹乙醇	喹乙醇	喹酰胺醇羟乙喹氧
速达肥	5-苯硫基-2-苯并咪唑	苯硫哒唑氨甲基甲酯
己烯雌酚（包括雌二醇等其他类似合成等雌性激素）	人工合成的非甾体雌激素	乙烯雌酚,人造求偶素
甲基睾丸酮（包括丙酸睾丸素、去氢甲睾酮以及同化物等雄性激素）	睾丸素 C_{17} 的甲基衍生物	甲睾酮甲基睾酮

附录 C　淡水养殖用水水质要求（附表 C-1）

附表 C-1　淡水养殖用水水质要求

序号	项目	标准值
1	色、臭、味	不得使养殖水体带有异色、异臭、异味
2	总大肠菌群/(个/升)	≤5000
3	汞/(毫克/升)	≤0.0005
4	镉/(毫克/升)	≤0.005
5	铅/(毫克/升)	≤0.05
6	铬/(毫克/升)	≤0.1
7	铜/(毫克/升)	≤0.01
8	锌/(毫克/升)	≤0.1
9	砷/(毫克/升)	≤0.05

附
录

（续）

序　号	项　目	标　准　值
10	氟化物/（毫克/升）	≤1
11	石油类/（毫克/升）	≤0.05
12	挥发性酚/（毫克/升）	≤0.005
13	甲基对硫磷/（毫克/升）	≤0.0005
14	马拉硫磷/（毫克/升）	≤0.005
15	乐果/（毫克/升）	≤0.1
16	六六六（丙体）/（毫克/升）	≤0.002
17	DDT/（毫克/升）	0.001

参 考 文 献

[1] 汪名芳，薛镇宇. 稻田养鱼虾蟹贝技术 [M]. 北京：金盾出版社，2001.

[2] 占家智，羊茜. 稻田养殖蛙鳖 [M]. 北京：科学技术文献出版社，2017.

[3] 占家智，刘瑞兵，羊茜. 稻田养殖虾蟹 [M]. 北京：科学技术文献出版社，2017.

[4] 王建国. 青蛙石蛙养殖 [M]. 北京：中国农业科学技术出版社，2002.

[5] 占家智，羊茜. 经济蛙类高效养殖技术 [M]. 北京：化学工业出版社，2012.

[6] 唐洪，李良玉，魏文燕，等. 成都市稻田综合种养田间工程改造关键技术 [J]. 现代农业科技，2017（16）：32-34.

[7] 李良玉，魏文燕，唐洪，等. "稻-鸭-鱼"立体综合种养关键技术 [J]. 水产养殖，2017（8）：24-26.

[8] 潘志勇. 重庆市云阳县稻田养鱼及水稻高产栽培技术的研究 [J]. 农业研究，2015（11）：34-35.

[9] 幸贤勇. 稻鱼双高产的技术措施 [J]. 四川农业科技，1988（4）：24-25.

[10] 葛加沐. 稻田养鱼模式下的水稻栽培技术 [J]. 福建农业科技，2013（10）：33-34.

[11] 冉景慧，龙照林，陈平平，等. 花垣县适种杂交水稻品种筛选 [J]. 作物研究，2015，29（2）：117-121.

[12] 陈义轩，罗学芳，罗佳，等. 宜宾富硒杂交水稻品种筛选 [J]. 四川农业科技，2016（4）：8-9.

[13] 邓成方. "稻鳖共生"种养结合技术 [J]. 中国水产，2015（1）：57-58.

[14] 梁宏伟，曹力欢，李翔，等. 三个不同品系中华鳖形态差异分析 [J]. 淡水渔业，2017（4）：91-96.

[15] 吴琼，戚琴芹，耿军，等. 不同孵化温度对中华鳖新生幼体免疫能力的影响 [J]. 杭州师范大学学报（自然科学版），2017（5）：514-517.

[16] 王佩，廖学敏，王晓清，等. 中华鳖三种养殖模式效益比较 [J]. 科学养鱼，2016（12）：34-35.

[17] 薛俊敏，张飞，阳钢，等. 中华鳖"红脖子"组织病理观察、病原鉴定及药敏试验 [J]. 南昌大学学报（理科版），2017（5）：504-510.

[18] 崔文妹. 中华鳖成鳖的生态养殖技术 [J]. 水产养殖，2017（3）：28-30.

[19] 袁永明，袁媛，贺艳辉，等. 我国罗非鱼产业发展趋势分析 [J]. 中国渔业经济，2013，3（31）：127-132.

[20] 赵文丽. 罗非鱼养殖生产成本及效益调查分析 [J]. 黑龙江畜牧兽医, 2017 (6): 198-201.

[21] 赵志霞, 吴燕燕, 李来好, 等. 我国罗非鱼加工研究现状 [J]. 食品工业科技, 2017, 38 (9): 363-373.

[22] 江吉. 无公害罗非鱼养殖高产高效技术措施探讨 [J]. 南方农业, 2018, 12 (3): 116-118.

[23] 李莹, 张鹏, 刘岩, 等. 常见的罗非鱼疾病防治技术 [J]. 水产养殖, 2008 (1): 38-39.

[24] 刘堂水. 罗非鱼养殖疾病防控技术 [J]. 中国水产, 2008 (10): 59-60.

[25] 李才根. 稻田养殖的罗非鱼鱼种如何越冬 [J]. 科学种养, 2009 (1): 22-23.

[26] 杨尚昆, 陈金辉, 潘丽婷, 等. 黑斑蛙高效生态养殖新型技术 [J]. 安徽农业科学, 2015, 43 (29): 52-53.

[27] 李良玉, 何舜, 曾代松, 等. 成都市稻田综合种养模式下水稻品种筛选试验 [J]. 现代农业科技, 2017, (3): 45-46.

[28] 魏文燕, 李良玉, 唐洪, 等. 成都地区稻田综合种养发展现状和对策 [J]. 水产科技情报, 2017, 44 (2): 99-102.